穿龙薯蓣天然抗氧化化合物
提取分离及药理活性研究

夏广清 马　强　主编

赵守庆 王珊珊 韩晓娟　副主编

吉林大学出版社

图书在版编目（CIP）数据

穿龙薯蓣天然抗氧化化合物提取分离及药理活性研究 /
夏广清，马强主编 .—长春 : 吉林大学出版社 , 2019.6
ISBN 978-7-5692-5041-1

Ⅰ . ①穿… Ⅱ . ①夏… ②马… Ⅲ . ①薯蓣—药用植
物—研究 Ⅳ . ① S632.1 ② R282.71

中国版本图书馆 CIP 数据核字 (2019) 第 134692 号

书　　名　穿龙薯蓣天然抗氧化化合物提取分离及药理活性研究
　　　　　CHUANLONG SHUYU TIANRAN KANG YANGHUA HUAHEWU TIQU FENLI JI YAOLI HUOXING YANJIU

作　　者　夏广清　马　强　主编
　　　　　赵守庆　王珊珊　韩晓娟　副主编
策划编辑　张树臣
责任编辑　张树臣
责任校对　曲天真
装帧设计　张赢予
出版发行　吉林大学出版社
社　　址　长春市人民大街 4059 号
邮政编码　130021
发行电话　0431-89580028/29/21
网　　址　http://www.jlup.com.cn
电子邮箱　jdcbs@jlu.edu.cn
印　　刷　吉林省科普印刷有限公司
开　　本　787mm×1092mm　1/16
印　　张　7.75
字　　数　180 千字
版　　次　2019 年 6 月第 1 版
印　　次　2019 年 6 月第 1 次
书　　号　ISBN 978-7-5692-5041-1
定　　价　56.00 元

目　录

第一章

第二章

第三章

第四章

第五章

第一章

中药抗氧化作用研究概述

在正常生理活动下，人体内会产生活性氧自由基，自由基可与人体内的DNA、蛋白质、脂肪等生物分子发生反应，导致细胞损伤。生物体内自由基主要包括氧自由基、半醌类自由基和其他以碳、氮、硫为中心的自由基，其中最主要的就是氧自由基。大量的证据表明氧自由基不能被及时清除，会引发包括心脑血管疾病、慢性阻塞性肺病(COPD)、糖尿病和癌症等在内的许多疾病。抗氧化剂是一种可以消除自由基抑制过氧化反应的活性物质，在一定程度上可以预防和治疗与之相关的疾病。因此，采取有效预防手段，合理服用抗氧化剂或自由基清除剂，均可在控制这些疾病的发生与发展中发挥良好的预防作用。

为削弱活性氧自由基对机体的损伤，越来越多抗氧化剂被研发及使用。某些天然的抗氧化剂以及合成的抗氧化剂已经得到一定程度的应用，并取得一定的效果，但实际中也发现一些潜在问题，如存在肾毒性、潜在致突变、致畸等安全性问题，美国、日本等国家已停止使用部分合成抗氧化制，如对2，6-二叔丁基甲苯(BHT)、叔丁基对羟基茴香醚(BHA)等。所以寻找更多更好的新的天然抗氧化剂已成为人们关注的一个热点。我国中草药资源丰富，研究表明，大量中药提取物或从中分离得到的单体化合物可通过调节和增强机体特异性及非特异性免疫功能，抑制自由基的产生，或直接对抗自由基对细胞及组织的损伤作用，如中药的酚类、黄酮、生物碱、多糖、皂苷等有效成分均具有较好的抗氧化活性。这为在中草药中发现筛选天然抗氧化剂提供了必要条件。但由于中药成分复杂多样，不同中药中具有的抗氧化特性物质不同，对不同中药中各种抗氧化成分及其抗氧化机制的研究也就成为了科学研究的主要方向之一。

第一节　中药抗氧化作用机理

近年来，越来越多的研究证明，许多中药具有抗氧化损伤的作用，这可能是它们防治疾病的作用原理之一。中药可抑制自由基的产生，也可直接对抗自由基对组织及细胞的损伤作用，或直接清除自由基，还可增强机体本身抗氧化系统的功能，从多个环节阻断自由基的损伤作用。

一、直接清除自由基

氧自由基是机体内氧化代谢不全的产物，主要包括超氧阴离子(O_2^-)、过氧化氢(H_2O_2)等。许多心脑血管疾病的发生、发展与氧自由基损伤密切相关，王晓雯等发现肉苁蓉总苷对·OH、H_2O_2等活性氧自由基均有明显的清除作用，特别是能保护·OH引起的DNA损伤，其清除自由基作用可能是其抗衰老、抗辐射损伤与保护心肌缺血的机制之一；葛根异黄酮类化合物对心脑血管疾病的疗效与其具有良好的抗氧化作用是分不开的。

二、抑制脂质过氧化

脂质中不饱和脂肪酸能够自动氧化，生成不稳定状态的氢过氧化物，而氢过氧化物则会继续分解，生成短碳链的小分子化合物，如醛、酮、酸等。老年色素主要是由脂褐素和黑色素组成，脂褐素在化学上是不均质的、是氧化了的不饱和脂质、蛋白质和其他细胞降解物的聚合物，它是在自由基、酶和金属离子等的参与下膜分子发生裂解和过氧化的结果。自由基在褐色素和黑色素的形成过程中起着重要的作用。实验表明，老年色素与年龄成线性关系。一些清除自由基的抗氧化剂如维生素E和维生素C能明显延缓老年色素的出现和增长。这说明，自由基、脂质过氧化产物与衰老有关。自由基与多不饱和脂酸(PUFA)发生脂质过氧化反应，通过自由基抽提PUFA中的氢，生成脂质过氧化物，脂质过氧化物(lipidperoxidase，LPO)能通过多种途径促进心脑血管疾病的发生和发展。多种中草药提取物能降低血浆LPO的含量，抑制脂质过氧化作用。

三、增强抗氧化酶活性/抑制自由基生成酶活性

中药的抗氧化研究中发现，很多中药可以通过提高体内的抗氧化酶活力，抑制自由基生成酶活性而增强抗氧化能力。人参皂苷可明显提高衰老模型小鼠血清中超氧化物歧化酶(SOD)及谷胱甘肽过氧化物酶(GSH-Px)的活性，减少过氧化脂质(LPO)及其代谢产物丙二醛(MDA)的含量，能减少自由基对细胞的损伤。丹参提取物能提高小鼠肝体内SOD、CAT、GSH-Px和GSH酶活性，保护心肌免受过氧化损伤。红花水提物能够明显减少OX-LDL损伤及内皮细胞中LDH的释放，降低培养液中MDA含量和与自由基生成密切相关的促氧化酶XOD的活性，同时，提高SOD、NO、NOS和GSH-Px的活性。

四、保护血管内皮细胞

研究表明，血管内皮细胞的损伤是多种血管性疾病的主要环节，保护血管内皮功能，是防治心脑血管疾病的关键环节。研究证实，多种中药的单体化合物、有效成分或其复方制剂可通过降低脂质过氧化，抗氧化损伤，抑制内皮细胞凋亡，整体水平上调节血管内皮细胞活性物质等作用来发挥保护血管内皮细胞的功能。

五、抑制血管平滑肌细胞增殖

血管平滑肌细胞(vascular smooth muscle cells，VSMC)的异常增殖迁移和表型改变是As和血管成形术后再狭窄的关键环节。研究表明，三七总皂苷、白黎三醇可抑制高胆固醇、氧自由基对VSMC刺激增殖和血管平滑肌细胞增殖。

六、抗炎作用

炎症反应贯穿于AS起始、病变进展、斑块破裂及血栓形成的全过程，在AS中起关键作用。白介素-1β(IL-1β)、肿瘤坏死因子(TNF-α)是两种重要的炎性因子，能诱导其他细胞因子、趋化因子、载附分子和C-反应蛋白等的合成，其多种生物学效应与AS有关。研究发现，粉防己碱能抑制炎症因子IL-1β、TNF-α合成和分泌的作用，也能抑制OX-LDL对NF-κB的激活，发挥双重抗AS作用。中药白花前胡干燥根中提取分离得到的白花前胡甲素也可降低大鼠急性心肌缺血再灌注损伤时血清中IL-6水平。

七、抑制细胞凋亡

蒺藜皂苷可明显降低心肌细胞凋亡率，其抑制心肌细胞凋亡作用与其调节Bcl-2/Bax蛋白表达、稳定线粒体膜电位以及改善细胞内钙超载有关。槲皮素可通过下调心肌细胞caspase-3基因蛋白的表达而达到抗心肌缺血的作用。

八、保护线粒体

心肌缺血时发生变化最早、最严重的部位就是线粒体。心肌缺血后线粒体膜磷脂含量下降，膜丙二醛(MDA)水平增高，同时，胞液超氧化物歧化酶(SOD)活力有所下降，心肌线粒体膜脂质过氧化增强协。油茶皂苷、川芎嗪等抗心肌缺血有效部位对心肌缺血造成的线粒体损伤有保护作用。

九、调节钙平衡

Ca^{2+}作为偶联胞外刺激和胞内反应的第二信使在细胞生理调控和病理过程中具有重要作用，心肌缺血缺氧存在$[Ca^{2+}]i$异常变化。有研究表明，一定浓度的葛根素可以时间依赖性的抑制单个大鼠心室肌细胞L型钙离子通道电流，并可以促进L型钙通道电流电压价V曲线的上移，其抗心肌缺血作用可能与抑制L型钙离子通道电流有关。

综上所述，氧自由基引起的氧化应激在心脑血管疾病的发生过程中扮演重要角色。大量研究显示，抗氧化是防治心脑血管疾病的关键。抗氧化剂，尤其是中草药能通过清除自由基、抑制脂质过氧化、增加机体的抗氧化能力、保护血管内皮细胞、抑制平滑肌细胞增殖及细胞凋亡等途径发挥机体保护作用。目前，基于抗氧化机理建立了大量的方法体系进行中药抗氧化活性评价。但由于各种评价方法的机理有所差异，同一物质在不同评价体系里可能表现出不同的抗氧化活性，所以在进行抗氧化剂筛选时很有必要选择多种方法并用进行综合评价；其次，中药在生物体内、外的抗氧化作用有所差异，故对各自抗氧化的检测体系、生物体内对抗氧化剂的吸收代谢研究还须加强。目前，虽然许多中药有较强的抗氧化作用，但它们真正作为抗氧化剂还需作更深、更广的研究。已知高效抗氧化成分应开展动物试验和临床实验研究，以更好地研制和开发防治心脑血管疾病药物。

第二节 中药抗氧化成分

大量研究发现自由基与人体的多种疾病都有着紧密的关系。引起氧化胁迫的自由基分为氧自由基和非氧自由基，超氧阴离子自由基、羟自由基、过氧化氢分子等，都属于氧自由基。氧自由基过多，会攻击机体内部的脂质、蛋白质、核酸等生物大分子及各种细胞器，影响人体细胞的正常生长和组织器官的正常生理功能，从而引发机体衰老和恶性肿瘤等一系列疾病。研究表明，人类的各种疾病中，90%以上均起源于活性氧和氧化应激。一些体外试验和动物模型试验研究发现，自由基能够引起急慢性的心血管疾病、心脏病、肝损伤、急慢性肾病、癌症等。因此，寻找能够清除自由基的抗氧化剂并研究其抗氧化机理就显得十分重要。

一、中药抗氧化成分

我国的中药资源丰富，人们对它们的药效和安全性已经有了比较明确的认识，由于人工合成的抗氧化剂存在诸多的缺陷，人们逐渐开始关注中药中的天然抗氧化剂。许多研究证明，诸多中药具有抗氧化能力，中药功效的发挥与其抗氧化作用密切相关。随着分离提取技术的发展，中药中抗氧化活性成分逐步被分离并确认了化学结构，在抗氧化活性药物的开发上发挥重要作用。目前，研究较多的活性成分集中在黄酮类、酚酸类、皂苷、多糖、维生素与微量元素、萜类等，这些物质通过清除自由基，起到了保护机体的作用，但是其抗氧化机理并不相同。

1.酚类化合物

酚类化合物是中草药中最常见的一类具有抗氧化性的物质之一，它指同一苯环上有若干个酚羟基的一类化合物。酚酸类化合物结构简单，多个酚羟基连接在同一个苯环上，属于芳烃的含羟基衍生物。其抗氧化机理是将氢供给羟基自由基、超氧阴离子自由基及脂类化合物等自由基，自身转变为酚类自由基。研究表明，茶叶中的多酚类化合物，具有明显的抗氧化作用和消除氧化自由基的作用，其抗氧化作用强弱依次为表儿茶素没食子酸酯、表没食子儿茶素没食子酸酯、表没食子儿茶素、没食子酸、表儿茶素和儿茶素。丹参多酚酸盐可明显提高血清SOD活性，降低 MDA含量。丹皮酚可清除O_2^-和·OH，提高抗氧化能力。茶多酚可使动物血清SOD增加，LPO减少，证明茶多酚具有调整血脂及抗脂质过氧化的作用，有临床应用价值。Cai等研究了紫草等112种中草药的抗氧化活性，发现其比一般的水果蔬菜具有更强的抗氧化能力和更高的多酚化合物含量，多酚类化合物的主要类别为酚酸、黄酮类化合物、单宁、香豆素、醌类、二苯乙烯苷类等，且抗氧化活性与各种中草药提取物中的多酚含量呈现显著的正向线性相关性。关炳峰等在研究金银花的60%乙醇提取物的抗氧化活性时发现，金银花提取物具有较好的·OH、O_2^-和DPPH清除能力，且其抗氧化活性与绿原酸含量密切相关。Wang 等在研究何首乌二苯乙烯苷对活性氧和大肠炎症的作用时发现，其能够通过提高SOD活性和抑制NO合成酶的表达来降低自由基引起的MDA含量的增加和大肠炎症。

2.黄酮类化合物

黄酮类化合物泛指两个苯环通过中间的三碳链联结而成的一系列C6-C3-C6化合物，母核上常连接有羟基、甲氧基、异戊烯氧基和烷氧基等取代基团，通常以糖苷的形式存在，广泛存在于药用植物中，已用于治疗多种慢性疾病，如高血压、糖尿病及动脉粥样硬化等。在反应体系中，由于其自身被氧化而具有清除自由基和抗氧化的作用。黄酮类化合物抗氧化机理与酚类物质抗氧化机理一致，一般为清除O_2^-·等自由基、与脂质过氧化物ROO·反应阻断脂质氧化以及螯合引发自由基的金属离子等。目前，研究的主要黄酮类化合物主要包括原花青素、花色素、黄酮醇、黄烷酮、新黄酮、双黄酮和异黄酮等。常用中药银杏、黄芪、紫苏、槲寄生、甘草、枸杞子、丹参、红花、广枣、葛根、山槐根和沙棘等均含有丰富的黄酮类化合物。黄小波等报道了四棱豆总黄酮具有较强的抗氧化效果，对·OH表现出明显的清除效果。苦参中的黄酮类物质具有抗氧化作用，可清除自由基。

3.皂苷类化合物

皂苷类化合物是由皂苷元和糖两部分组成，皂苷元一般可分为甾体皂苷元(中性皂苷)和三萜皂苷元(酸性皂苷)两类。甾体皂苷在洋地黄、麦冬、党参中含量较高，而萜类皂苷在黄芪、刺五加、人参、升麻中含量较高。现代药理学研究表明，皂苷多具有抗疲劳、抗缺氧、抗脂质过氧化等功能，且均与抗氧化应激有关。虽然皂苷类物质对氧自由基本身影响较少，但大多能提高体内SOD、CAT(过氧化氢酶)等抗氧化酶的活性，从而增强机体抗氧化功能。郭宪清等总结了近20年来对黄芪皂苷的相关研究，表明了黄芪中的皂苷类化合物具有抗炎、镇痛、抗血栓形成、抗衰老、抗病毒、抗风湿、抗肝纤维化及对心血管系统等作用。王玉堂分析了大量研究人参皂苷的文献，阐明了人参皂苷是人参的主要活性成分，具有调节中枢神经系统、改善心血管及造血系统、调节内分泌系统、提高免疫力、抗疲劳以及抗癌等作用。关于单体人参皂苷的生理活性的研究，一直是很活跃的研究领域。

4.活性多糖类化合物

活性多糖是指由10个及10个以上多种单糖聚合而成的、具有某些生理活性的多糖。很多多糖都具有抗肿瘤、提高免疫力、抗补体、降血脂、降血糖、通便等功能。研究表明甘草多糖清除DPPH自由基和羟基自由基的效果很好，是一种理想的天然抗氧化剂、牛蒡子多糖表现出较强的抗氧化活性，对·OH、O_2^-和DPPH的清除能力和还原力均随着浓度的增大而增大。香菇多糖、银耳多糖和茯苓多糖混合制备的口服液对·OH的清除率达到了50%。中药防风中所含有的防风多糖(SPS)，其中包含酸性防风多糖(A-SPS)和中性防风多糖(N-SPS)，对于清除自由基和抑制脂质过氧化具有一定的作用，同时对·OH和DPPH清除作用较强，能起到抗氧化的作用。灵芝多糖可能对活性氧有直接的清除作用，对"呼吸爆发"时所产生的活性氧也有清除作用。此外，枸杞多糖、黄芪多糖、芦荟多糖等100多种多糖均被证实具有显著的抗氧化活性。

关于多糖抗氧化机制可能的解释有如下几种：(1)对多种活性氧有直接的清除作用；(2)提高体内抗氧化酶的释放和活性，抑制活性氧的作用，从而达到预防衰老的效果；(3)多糖分子与活性氧所必需的金属离子结合，抑制自由基的产生。钱青等在分析植物活性多糖的药理作用研究显示，活性多糖具有调节免疫、抗肿瘤、降血糖、抗衰老和调节代谢平衡等生理功能。现代研究发现，多糖可通过直接清除活性氧(ROS)、络合产生ROS所必需的金属离子等途径实现抗氧化作用。

5.生物碱类

大多数生物碱均含有复杂的氮环结构，其杂环中裸露的氮原子可充分与活性氧结合，从而猝灭活性氧，达到抗氧化的效果。据报道，小檗胺具有体外抗脂质药理活性，并对·O_2具有较强的清除能力。体内试验同样证明小檗胺可提高心肌及血液中GSH-Px的活性，降低肝脏过氧化脂质的含量。研究发现，钩藤总生物碱能够预防大鼠非酒精性脂肪肝。其作用机制与钩藤总生物碱能够清除自由基、降低脂质过氧化反应，抑制炎症因子释放等密切相关。此外，马钱子碱、四氢小檗碱、去甲乌药碱、药根碱、木兰碱等也被证实具有较强的抗氧化能力。

6.维生素和微量元素类

维生素不仅是人类维持生命活动所必需的重要营养素之一，还是对氧自由基有较好的清除能力的重要抗氧化物质。具有抗氧化性的维生素类主要有维生素E、维生素C及维生素A的前体β-胡萝卜素等。文献研究表明，维生素C、表没食子儿茶素没食子酸酯（EGCG）、迷迭香酸和原花青素在与维生素E一起使用时，其抗氧化效果均存在较好的协同效应。维生素具有较好的抗氧化性，维生素C对羟自由基、超氧化物阴离子和单线态氧具有很好地清除效果；维生素D能明显抑制脂类过氧化作用；维生素A的前体β-胡萝卜素，可以明显地抑制活性氧的生成，清除自由基；也能清除单线态氧，减轻光敏反应对人体的损伤。微量元素是一些抗氧化酶的组成部分，可以很好地保证酶的活性。枸杞中富含的微量元素硒，可以通过清除脂质过氧化反应的中间产物、修复水化自由基引起的硫化物的分子损伤、催化巯基化合物作为保护剂的反应等多种方式发挥其抗氧化功能。石斛的抗氧化作用也与其富含微量元素硒有关，而硒是抗氧化酶GSH-Px的活性结构重要组成部分，该酶通过催化过氧化脂质还原，抑制过氧化脂质的生成，保护细胞膜和DNA的完整性。何铁光等对比了铁皮石斛原球茎多糖粗品(DCPP)和纯品(DPPC3c-1)的体外抗氧化活性，发现两者均能抑制小鼠肝组织自发性氧化和Fe^{2+}、H_2O_2诱导的脂质过氧化，其中粗品DCPP的抑制作用较强。

7.其他

除了上述几大类主要的中药活性成分外，蒽醌类、生物碱类、有机酸类、蛋白质和酶类等一些中药成分也有一定的抗氧化作用。另外，一些中药中含有锰、锌、硒、等金属离子由于能够增加SOD和GSH-Px的活性也表现出一定得抗氧化性。由于不同抗氧化物质的抗氧化机理和能力不同，几种抗氧化物质混合使用往往大于单独使用的效果，因而为了增加抗氧化的保护作用，一般同时使用多种抗氧化物质使其发挥更好的协同作用。

二、中药功效与抗氧化作用关系

每个机体都有一套完整的抗氧化应激防御系统，主要包括两类：一类是酶抗氧化系统，包括超氧化物歧化酶(SOD)、过氧化氢酶(CAT)、谷胱甘肽还原酶(GR)以及谷胱甘肽过氧化物酶(GSH –Px)等；另一类是非酶抗氧化系统，包括 维生素E、谷胱甘肽、α–硫辛酸、褪黑素、微量元素铜、锌、硒等。内源性抗氧化防御体系表现在以下两个方面：(1)各种抗氧化物共同合作，直接清除活性氧自由基(ROS)和氮自由基(NOS)；(2)白蛋白、结合珠蛋白、乳铁蛋白等蛋白质与相关金属离子络合，阻碍了 ROS 的合成，使其生成受阻，从而减轻和消除氧化应激对机体的损伤。

抗氧化剂能够清除自由基，终止连锁反应，减缓或防御氧化应激对机体的损伤，当机体防御系统不能战胜氧化应激时，人体就需要补充体外抗氧化剂。抗氧化剂主要分成两大类：天然抗氧化剂与合成抗氧化剂，目前，使用最广的是人工合成抗氧化剂，如维生素 C、维生素 E、BHT、TBHQ，但人们逐渐发现这些人工合成的化合物有一定的毒性和致畸作用，已逐渐被法律禁止使用。近年来，越来越多研究集中在寻找具有抗氧化活性的天然抗氧化剂，以期为治疗氧化应激相关的疾病提供更多有效安全的资源。

近年来很多研究表明，中药的功效与其抗氧化作用有密切的关系，很多中药提取物或从中分离得到的单体化合物可通过调节和增强机体特异性及非特异性免疫功能，抑制自由基的产生，或直接对抗氧化应激对细胞及组织的损伤作用。已经有部分学者利用体外抗氧化实验来评价中药的抗氧化活性，并已经证实了中药中的酚类、黄酮、生物碱、多糖、皂苷等有效成分都具有很好的抗氧化活性。

第三节　中药抗氧化作用评价

中药化学成分非常复杂，抗氧化活性组分众多，单一的抗氧化方法不足以全面地反应中药的抗氧化能力，所以，需要运用多种不同机理的抗氧化评价方法同时测定。近些年，随着细胞学和分子生物学的发展，利用细胞体外培养技术进行体外抗氧化实验已逐渐发展成熟。近些年来用于中药抗氧化能力评价方法主要有以下几种。

一、DPPH（1，1-二苯基-2-苦基肼（自由基））清除能力测定方法

DPPH清除法是筛选天然抗氧化剂、评价化合物抗氧化能力的最常用方法之一。DPPH在有机溶剂中是一种稳定的自由基，其结构中含有3个苯环，在中间的N原子上有1个孤对电子，有一个未配对的自由电子，其醇溶液呈深紫色，在517nm有强吸收。当具有抗氧化能力的物质存在时，DPPH的单电子就会与抗氧化物质发生反应而被配对从而使其深紫色变浅，而且这种反应引起的颜色变浅的程度与抗氧化物质提供电子能力即抗氧化能力成正比例关系，DPPH.清除法的优点是快速，易重复，简单，灵敏不需要复杂的仪器，所以在生产活动中大规模应用，从而用于评价抗氧化物质的抗氧化能力。

二、超氧阴离子自由基清除能力测定方法

超氧阴离子自由基本身不会诱导生物大分子的氧化损伤，但是当它与金属离子共存时，就会发生芬顿(Fenton)反应，产生羟基自由基。所以通过测定抗氧化剂清除超氧阴离子的能力也能表示它的抗氧化活性。超氧阴离子自由基（$O_2^- \cdot$）是基态氧接受一个电子形成的第一氧自由基，它可以接受一个 H^+ 形成质子化的超氧阴离子自由基HOO·，HOO·可以再分解为超氧阴离子和 H^+，并在水溶液中保持平衡。$O_2^- \cdot$ 带负电荷，是亲水性的，不能穿过细胞膜，而 HOO· 不带电荷是疏水性的，可以穿过细胞膜，从而造成细胞膜脂质过氧化。因此，超氧阴离子自由基具有很大的潜在危害。利用邻苯三酚自氧化法或黄嘌呤/次黄嘌呤氧化酶反应可以产生$O_2^- \cdot$，当有抗氧化物质存在时，其能够作为电子供体把电子传递给超氧自由基，从而使超氧自由基失去活性，可采用 ESR 自旋捕集技术或化学发光法定量测定天然抗氧化剂对超氧阴离子的清除作用。

三、羟基自由基清除能力测定方法

实验发现羟基自由基（·OH）是一种化学性质最活泼的活性氧自由基，很容易引起脂质过氧化，很容易攻击各类生物大分子。羟基自由基（·OH）是化学性质最活泼的活性氧自由基，也是对人体毒性最大的自由基。它带有一个不成对电子，可以与活细胞中的任何分子发生反应而造成机体损害，而且反应速度极快，因此，羟基自由基清除能力常作为抗氧化物质的衡量指标之一。一般体外试验可利用 Fenton 反应产生羟基自由基（·OH），二甲基亚

砜和羟基反应生成甲烷，甲硫丙醛与羟基反应生成乙烯，用气相色谱检测；对硝基二甲基苯胺可以与羟基快速反应失去其原来的黄色，以此可以检测羟基；苯甲酸可与羟基反应生成有强荧光物质羟基苯甲酸，在350nm处有激发光，在407nm处有发射光；另外色氨和脱氧核糖都可以与羟基反应生成有特征吸收的物质以用于羟基的检测。

四、ABTS（2，2-联氮-双-(3-乙基苯并噻唑啉-6-磺酸)自由基清除能力测定

该法通过检测单氧离子自由基ABTS$^+$来表示抗氧化能力，这种自由基是以ABTS与过硫酸铵反应产生的，ABTS经活性氧氧化后能生成稳定的蓝绿色阳离子自由ABTS·$^+$，其在734nm除有特征吸收峰。用不同浓度的Trolox（6-羟基-2，5，7，8-四甲基苯并二氢吡喃-2-羧酸）标准溶液做标准曲线，通过抗氧化剂的有效浓度与Trolox的浓度比例来表示，根据标准曲线算出被测物质总的抗氧化能力。

五、FRAP法测定物质还原能力

Iris F.F.Benzie首次提出FRAP法（The Ferric Reducing Ability of Plasma），此后FRAP法便成为测定抗氧化物质的一个新的指标，也是唯一一种能够直接测定样品的氧化还原能力的方法。其原理为在较低pH环境下，Fe^{3+}-TPTZ（tripyridyl -triazine，三吡啶三吖嗪）可被样品中还原物质还原为Fe^{2+}形式而呈现出蓝色，并于593nm处具有最大光吸收，根据吸光度值大小来计算样品抗氧化物质的活性强弱。

六、脂质过氧化测定方法：硫代巴比妥酸（TBA）法

测量脂肪酸、细胞膜脂和生物组织脂质过氧化一般采用TBA法，油脂经氧化后会生成MDA，一分子MDA可与两分子TBA反应生成有色化合物，该有色化合物在530nm左右有最大光吸收。因此，可通过测定MDA的量来评价油脂的氧化程度。夏晓凯等通过TBA法测定大鼠肝匀浆自发和诱导的脂质过氧化产物MDA含量来研究黄精多糖(PSP)体外抗氧化作用。邓胜国等采用TBA法测定荷叶黄酮的抗氧化效果，结果表明荷叶黄酮具有良好的清除自由基能力，能有效抑制亚油酸的氧化。

七、氧化/抗氧化酶系活力及表达的测定

黄嘌呤氧化酶（XO）可将黄嘌呤催化生成尿酸盐，同时产生超氧阴离子，导致氧化损伤。因此，黄嘌呤氧化酶的活性可作为抗氧化研究的指标之一。细胞中的主要抗氧化酶包括超氧化物歧化酶（SOD）、谷胱甘肽过氧化物酶（GSH‑Px）和过氧化氢酶（CAT），当机体产生某些病变时，这些抗氧化酶的活性就会减弱或丧失，造成超量的活性氧积累，进一步对细胞膜产生破坏作用。SOD是体内超氧阴离子的主要清除者，可将其催化分解为过氧化氢（H_2O_2）和水。H_2O_2也具有氧化损伤作用，可通过CAT将其转化为O_2和H_2O。同时，H_2O_2也可通过GSH-Px的催化作用和还原型谷胱甘肽（GSH）反应生成H_2O。

因此，超氧化物歧化酶（SOD）、过氧化氢酶（CAT）和谷胱甘肽过氧化物酶（GSH-Px）的活性可作为重要的抗氧化物质筛选指标。

八、DNA氧化损伤测定

自由基学说认为，机体内过剩的自由基可以攻击DNA分子，引起DNA损伤或断裂，从而引发多种疾病，因此，DNA的自由基损伤测定可以作为体外或体内的一种抗氧化物质测定指标。该法利用易于得到的质粒作为损伤的靶分子来观察抗氧化剂的保护作用，用于筛选和评价抗氧化物质对DNA的保护等方面。目前，常用的是评价羟自由基引起的DNA氧化损伤程度，主要是链断裂法，质粒DNA也是环状双链DNA，也没有修复系统，常作为检测DNA氧化损伤的受试物，还有检查血清与尿中的8‑OHdG，它也是DNA氧化损伤修复的产物，可以引起G:C‑A:T的颠换突变，在细胞癌变和衰老中有重要影响。

中药是天然宝库，许多中药富含天然抗氧化剂，是天然抗氧化剂的重要来源之一，具有很好的开发前景，它们具有毒副作用比较小、来源比较多、安全性高等优点。深入研究中药的抗氧化机制、构效关系等方面，不仅能够推动食品、保健品、化妆品等抗氧化剂的发展，且对实现中药现代化和许多疾病的治疗具有重要的意义。

主要参考文献

［1］赵保路. 氧自由基和天然抗氧剂［M］. 北京: 科学出版社. 1999, 113–156.

［2］Kiley, FP.J., et al., Exploiting Thiol Modifications.Plos Biology, 2004.2（11）: p. e40.

［3］Simonian, N., et al., Oxidative stress in neurodegenerative diseases. Annual Review of Pharmacology and Toxicology.1996.36（1）: p. F83–106.

［4］Jay, D., et al.Oxidative stress and diabetic cardiovascular complications. Free Radical Biology and Medicine, 2006.40（2）: p.183–192.

［5］Repine, J.E., et al. Oxidative stress in chronic obstructive pulmonary disease.American Journal of Respiratory and Critical Care Medicine, 1997.156（2）: p. 341–357.

［6］江慎华，诃子抗氧化活性物质提取工艺与抗氧化活性研究［J］，农业机械学报2011, 25（4）: 121–12.

［7］谈红利，杨宗发，等.中药抗氧化活性成分及评价方法研究进展［J］.亚太传统医药, 2017, 1310: 35–37.

［8］王晓雯，蒋晓燕乌区梨娅#伊明，等.肉苁蓉总贰体外清除自由基对.OH引起DNA的氧化损伤保护［J］.中国药学杂志, 2001, 36（1）: 29.

［9］朱建明.人参皂普的抗衰老作用研究进展［J］.中医药信息, 1998, 23（2）: 18.

［10］Ji XY, Tan Benny Kg, ZhuYC, etal.Comparison of cardioprotective effects using ramipril and DanSshen for the treatment of acute myocardial infarction in rats［J］.Life Sci, 2003, 73: 1413–1426.

［11］叶锦霞，梁日欣，王岚，等.红花水提物对ox–LDL损伤心肌微血管内皮细胞的保护作用及ESR谱研究［J］.中国中药杂志, 2008, 33（21）: 2513–2517.

［12］Zhao B, ZhangY, LinB, etal.Endothelial Cells in jured oxidized low density 1ipo Proteins. ［J］.A mJ H-tol，1995，49（3）：255.

［13］庞荣清，潘兴华，吴亚玲，等.三七总皂普对兔血管平滑肌细胞核因子kapPaB和细胞周期的影响［J］.中国微循环，2004，8（3）：154.

［14］吴宗贵.炎症与动脉粥样硬化:挑战远未结束［J］.上海医学，2004，27（4）：211.

［15］王毅，马志强，黄波，等.粉防己碱对高脂饮食兔血清白细胞介素-1β、肿瘤坏死因子-α及血管壁细胞核因子-κB表达的影响［J］.中国临床康复，2004，8（25）：5045.

［16］常天辉，刘晓阳，章新华，等.白花前胡及前胡甲素对心肌缺血再灌注大鼠IL—6水平及Fas、Bax、BCL-2蛋白表达的影响［J］.中国医科大学学报，2003，32（1）：1-3.

［17］王秀华，李红，魏征人，等.疾葵皂苷对NaCN诱导大鼠乳鼠心肌细胞凋亡的抑制作用及机制［J］.吉林大学学报(医学版)，2005，3l（1）：5-9.

［18］黎玉，万福生，李少华.川芎嗪对大鼠缺血心肌线粒体NO及自由基的影响［J］.中医药学报，2004，32（2）：47-48.

［19］黄起壬，何明，李萍，等.油茶皂普抗心肌缺血大鼠氧自由基和脂质过氧化作用［J］.中国药理学通报，2003，19（9）：1034-1036.

［20］Silverman HS，Stern MD.Ionic basis of ischemic cardiac injurying: insights from cellular studies［J］.Cardiovasc Res，1994，28（5）：581-597.

［21］杨远友，刘宁，莫正纪，等.淫羊蕾对大鼠内脏器官PDC钙通道及其心肌缺血性损伤的影响［J］.四川大学学报(自然科学版)，2005，42（1）：122-227.

［22］Mitsuyama S. Role of oxidative stress in angiotensin II-induced heart failure［J］. Nippon Rinsho，2007，65 Suppl 4（8）：243-250.

［23］Bradley J. Willcox，J.David Curb，Beatriz L. Rodriguez. Antioxidants in Cardiovascular Health and Disease: Key Lessons from Epidemiologic Studies［J］. The American Journal of Cardiology，2008，101（10 suppl 1）：S75-S86.

［24］Castelao J. E.，Gago-Dominguez M. Risk factors for cardiovascular disease in women: Relationship to lipid peroxidation and oxidative stress［J］. Medical Hypotheses，2008，（71）：39-44.8.

［25］Czaja M. J. Cell signaling in oxidative stress-induced liver injury［J］. Seminars in Liver Disease，2007.，27（4）：378-389.

［26］Gupta S., Sarotra P., Aggarwal R., Dutta N., Agnihotri N. Role of oxidative stress in celecoxib-induced renal damage in wistar rats［J］. Digestive Diseases and Sciences, 2007, 52（11）: 3092-3098.

［27］Ishii N. Role of oxidative stress from mitochondria on aging and cancer ［J］.Cornea, 2007, 26（9 suppl1）: S3-S9.

［28］Cai YZ, Luo Q, Sun M. Antioxidant Activity and Phenolic compounds of 112 Traditional Chinese Medicinal Plants Associated with anticancer［J］. Life Sci, 2004, 74: 2157-2184.

［29］蒋小玉, 刘明江, 宋世秀等.中药抗氧化活性的作用机制［A］. 中国畜牧兽医学会中兽医学会第八次全国代表大会暨2014年学术年会论文集 ［C］.2014.

［30］先宏, 吴可, 孙存普.中药抗氧化活性的主要成分及其自由基清除作用[J].国外医学: 中医中药分册, 2003, 25（3）: 150.

［31］Jian J. Research progress on the Multiple Target Effect OF Natural Antioxidant in Prevention and Treatment of Cardiovascular and Cerebral-vascular diseases［J］. Chin J Acta Med Sin, 2004, 17（1）: 10-12.

［32］P KAUR, T S THIND, B SINGH.Inhibitiong of lipid peroxidation by extracts subfractions of Chickrassy（Chukrasiatabularis A. Juss.）［J］. Natur wissen schaften, 2009, 96: 129-133.

［33］葛建, 林芳, 李明揆, 等.表没食子儿茶素没食子酸酯(EGCG) 生物活性研究进展［J］.安徽农业大学学报, 2011, 18（2）: 156-163.

［34］Yutaka Matsuka, Hiroakihasegawa, ShokiOkuda, et al. Amelioratice effects tea catechins on Active oxygen related nerve cell injuries［J］. Therapeutics, 1995, 274: 602-606.

［35］吴晓慧, 吴国荣, 张卫明, 等.丹皮酚及其磺化物体外抗氧化作用 ［J］.南京师范大学学报: 自然科学版, 2005, 28（3）: 83-85.

［36］刘波静.茶多酚对动物血清和载脂蛋白水平的影响和抗氧化作用[J]. 茶叶科学, 2000, 20（1）: 67-70.

［37］Yizhong Cai, Qiong Luo, Mei Sun Harold Corke, Antioxidant activity and phenolic compounds of 112 traditional Chinese medicinal plants associated with anticancer［J］. Life Sciences, 2004, 74 (17) 2157-2184.

［38］关炳峰, 谭军, 周志娣.金银花提取物的抗氧化作用与其绿原酸含

量的相关性研究［J］.食品工业科技，2007，10（28）：127-129.

［39］Wang X，Zhao L，Han T，Chen S，Wang J. Protective effects of 2，3，5，4- tetrahydroxystilbene-2- O-beta-d-glucoside， an active component of Polygonum multiflorum Thunb，on experimental colitis in mice［J］.European Journal of pharmacology，2008，578（2-3）：339-48.

［40］黄小波，付明，陈东明.四棱豆总黄酮抗氧化和抗肝损伤作用研究［J］.食品科学，2015，36（15）：206-211.

［41］穆甲骏，王卫国，侯启昌.苦参生理活性物质研究现状与展望［J］.河南师范大学学报: 自然科学版，2014，42（6）：131-137.

［42］Sparg S G，Light M E，Staden JV. Biological Activities and Distribution of Plant Sponins［J］. J Ethnopharm，2004，（94）：219-243.

［43］郭宪清，张丽香，姜秉荣.黄芪皂苷类组分的现代药理研究进展［J］.中国药业，2006，15（12）：66-67.

［44］王玉堂.人参中人参皂苷的提取、分离和测定.吉林大学博士学位论文.2008.

［45］廉宜君，刘红，马彦梅，等.甘草渣多糖的大孔树脂分离纯化及抗氧化活性的研究［J］.石河子大学学报: 自然科学版，2015，33（3）：351-356.

［46］喻俊，王涛，贾春红，等. 响应面优化牛蒡子多糖的提取及其抗氧化活性研究［J］.食品与发酵工业，2015，41（6）：207-211.

［47］张尔贤，俞丽君，肖湘.多糖类物质对O_2^-·和.OH的清除作用［J］.中国生化药物杂志，1995，16（1）：7-11.

［48］张泽庆，田应娟，张静 # 防风多糖的抗氧化活性研究.中药材，2008，31（2）：268-272.

［49］游育红，林志彬.灵芝多糖对小鼠巨噬细胞自由基的清除作用［J］.中国临床药理学与治疗学，2004，9（1）：52-55.

［50］俞慧红，竺巧玲，戴飞，等.多糖抗氧化作用的研究现状［J］.食品研究与开发，2008，29（3）：172-176.

［51］钱青，张志勇.植物活性多糖的药理作用及应用研究进展［J］.华西医学，2009，24（1）：250-252.

［52］Zhou J Z，Yang X L，Zhou J Y，et al. Advances of the Antioxidative Activities Research of Polysaccharides［J］.Chin BiochemPharm J，2002. 23（4）：210- 212.

［53］BURDA S, OLESZEK W. Antioxidant and antiradical activities of flavonoids［J］.Journal of Agricultural and Food Chemistry, 2001, 49 (6): 2774-2779.

［54］Maffei Facino. R., Carini, M., Aldini, G., Calloni, M.T., Bombardelli, E., Morazzoni, P. Sparing effect of procyanidins from Vitis vinifera on vitamin E: in vitro studies［J］. Planta Medica., 1998, 64 (4): 343-347.

［55］Hu C., Kitts D. D. Evaluation of antioxidant activity of epigallocatechin gallate in biphasic model systems in vitro［J］. Molecular and Cellular Biochemistry, 2001, 218 (1-2): 147-155.

［56］Jayasinghe C., Gotoh N., Aoki T., Wada S. Phenolics composition and antioxidant activity of sweet basil (Ocimum basilicum L.)［J］. Journal of Agricultural and Food Chemistry, 2003, 51 (15): 4442-4449.

［57］陈会良，商常发. 抗衰老中药对自由基清除作用的研究进展［J］.中国中医药杂志，2007, 5 (8): 14-17.

［58］吕佳妮.铁皮石斛根中石斛多糖提取优化及抗氧化活性研究［D］.杭州:浙江大学，2013.

［59］何铁光，杨丽涛，李杨瑞，等. 铁皮石斛原球茎多糖DPPC3c-1的分离纯化及结构初步分析［J］.分析测试学报，2008, 27 (2): 143-147.

［60］Hajimahmoodi M, Faramarzi MA, Mohammadi N, Soltani N, Oveisi MR, Nafissi-Varcheh N. Evaluation of antioxidant properties and total phenolic contents of some strains of microalgae［J］.Appl Phycol, 2009, 22: 43-50.

［61］Delbosc S, Paizanis E, Magous R, et al. Involvement of oxidative stress and NADPH oxidase activation in the development of cardiovascular complications in a model of insulin resistance, the fructose-fed rat［J］.Atherosclerosis, 2005, 179 (1): 43-49.

［62］尤新. 食品抗氧化剂与人体健康［J］. 食品与生物技术学报，2006, 2: 000.

［63］李文林，黄凤洪. 天然抗氧化剂研究现状［J］. 粮食与油脂，2003 (10): 10-13.

［64］先宏，吴可，孙存普. 中药抗氧化活性的主要成分及其自由基清除作用［J］. 国外医学: 中医中药分册，2003, 25 (3): 150-153.

［65］续洁琨，姚新生，栗原博.抗氧化能力指数（ORAC）测定原理及应用［J］.中国药理学通报，2006, 22 (8): 1015-1021.

［66］George Z.TSogas.The effects of solvent preoxidation on inhibited chemiluminescence of pyrogallol oxidation in flow injection analysis and liquid chromatography［J］.Analytica Chimica Acta，2006，565（1）：Pages56-62.

［67］Kitts DD，Yuan YV，etal.antioxidant activity of the flaxseed lignan secoisolariciresiol didycoside and its mammalian metabolites enterodiol and Enterolactone［J］.MolCell Biochem，1999，202：545-551.

［68］Roberta Re，Nicoletta Pellegrini，Anna Proteggente，Ananth Pannala，Min Yang，Catherine Rice-Evans. Antioxidant Activity Applying An Improved ABTS Radical Cation Decolorization Assay［J］. Free Radical Biology & Medicine，1999，26（9）：1231-1237.

［69］Ishii N. Role of oxidative stress from mitochondria on aging and cancer ［J］.Cornea，2007，26（9 suppl 1）：S3-S9.

［70］夏晓凯，张庭廷，陈传平.黄精多糖的体外抗氧化作用研究［J］.湖南中医杂志，2006，22（4）：90.

［71］邓胜国，邓泽元，黄丽.荷叶黄酮体外抗氧化活性的研究［J］.食品科技，2006.7：274-276.

［72］Pignatelli，P FabioM Pulcinelli，CelestiniA. The flavonoids quercetin and catechin synergistically inhibit p latelet function by antagonizing the intracellular p roduction of hydrogen peroxide［J］. The American Journal of Clinical Nutrition.，2000，72（5）：1150-1155.

［73］李秋红，李廷利，黄莉莉，李飞.中药抗氧化的作用机理及评价方法研究进展［J］.时珍国医国药，2008，19（5）：204-206.

［74］黄娟.一种南药组合物的抗DNA氧化损伤防护作用研究仁［J］.中国慢性病预防与控制，2009，17（4）：356-358.

［75］蒋志勇、刘文斌，等.中药抗氧化成分研究进展［J］.湖南中医杂志，2016，32（10）：223-225.

第二章

穿龙薯蓣研究进展

穿龙薯蓣（Dioscorea nipponica Maknio）又称穿山龙、串地龙等，为薯蓣科薯蓣属植物，多年生藤本植物，是我国北方地区常用中草药。收录于《中华人民共和国药典(2010版)》第一部，以干燥以后的根茎部位入药。原药材呈类圆柱形，根表面为棕黄色，有细小须根分布于表面，质地很硬不易折断，味微苦，主要性状如图1所示。穿龙薯蓣性温，味甘、苦；具有降血脂，抗血小板聚集，对缺氧/复氧心肌细胞有保护作用，抗衰老，抗甲状腺，抗多种肿瘤等作用。中医常用来治疗大骨节病、筋骨麻木等。其有效成分为甾体皂苷类，近年来已经作为合成甾体激素药物和抗冠心病皂苷类药物的重要工业原料，具有广阔的应用前景。

图1 穿龙薯蓣植物及原药材

第一节　穿龙薯蓣化学成分研究

曾涌等以"薯蓣属""化学成分""药理作用""生物活性"等为关键词，组合查询2009—2015年在PubMed、中国知网等数据库中的相关文献。共检索到相关文献265篇，其中有效文献58篇。薯蓣属植物化学成分以甾体为主，共98个，其中新化合物43个；黄酮类13个；二萜类27个，其中新化合物13个；二苯乙烷（烯）类21个，其中新化合物6个；菲类28个，其中新化合物9个；二苯庚烷类19个；其他类如苯丙素、蒽醌、含氮化合物、有机酸、酯等53个，其中新化合物9个。

一、甾体及皂苷类成分

甾体成分是薯蓣属植物的主要活性成分，该类化合物种类繁多，结构中多具有环戊烷骈多氢菲甾核。穿龙薯蓣包含有较多的皂苷类化学组分，主要为甾体皂苷类，包括薯蓣皂苷（Dioscin）、纤细皂苷（Gracillin）、延龄草皂苷（trillin，主要为薯蓣皂苷元–3–葡萄糖）、薯蓣皂苷元–3–O––β–D–葡糖皂苷，总皂苷水解产生薯蓣皂苷元（Diosgenin）；且有穗菝葜皂苷（Asperin）、25–△–螺甾–3，5–二烯（25–△–spirosta–3，5–diene）、对羟卞基酒石酸（Piscidic acid）、甾醇、尿囊素、树脂、多糖类、淀粉和黄酮，尚有少量 25–D–螺甾–3，5–二烯（25–D–spirosta–3，5–diene）。我国化学家黄鸣龙等早在 70 年代就以薯蓣皂苷元为原料，成功合成了激素类药物可的松，在临床上具有很强的抗感染、抗过敏、抗病毒以及抗休克的药理作用，是治疗风湿病、皮肤病、心血管疾病、肿瘤、淋巴白血病以及抢救危重病人的重要应急药物。

二、多糖类成分

Dianhui Luo从穿龙薯蓣的水提取液中分离纯化得到一种粗多糖，分子量为38000，用史密斯降解法测得该多糖（1→）-糖苷键占5.9%，(1→2)糖苷键占4.94%，(1→4)-糖苷键占61.16%，(1→3)-糖苷键占28%。王昭晶等从穿龙薯蓣中分离得到2个粗多糖组分。这种水溶性粗多糖产物具有很强的抗氧化活性，可以作为潜在的抗氧化剂被开发利用。Guohua Zhao等从穿龙薯蓣的水溶性提取物中成功分离出一种新的多塘，经纯化、鉴定后可知该多糖是由葡萄糖、甘露糖和半孔糖组成，其平均相对分子量为42200。徐琴等从穿龙薯蓣提取物中分离得到粗多糖RDP，经进一步的分离、纯化，得到多糖RP，经纯度鉴定证明其为均一组分，经红外分光光度法检测可知其为D-糖苷键，采用滤纸层析分离可得到单糖D-甘露糖、葡萄糖和D-半乳糖。这一系列的研究发现使穿山龙的药用价值与商业价值越来越受到人们的重视与探究。

三、其他类成分

穿龙薯蓣中除主要含有皂苷与多糖类成分外，还有烷烃类化合物、淀粉与纤维素、氨基酸、黄酮、鞣质等成分。舒艳等在研究穿龙薯蓣化学成分时，得到2个二苯庚烷化合物。卢丹等利用多种色谱技术对穿龙薯蓣地上非药用部位进行了化学成分分析，共分离并鉴定出了10个化合物，大多为菲类物质。陈帅等从穿龙薯蓣中得到13种高级烷烃类化合物。张黎明等对薯蓣植物加工方法进行了改进，利用新方法在从穿龙薯蓣中分离得到水溶性皂苷及水不溶性皂苷的同时还分离出淀粉及纤维素。张永清等人在研究中发现穿龙薯蓣中含有包括尿囊素在内的18种氨基酸，其总氨基酸含量为6.804%。张家勇等用新鲜穿龙薯蓣，60%乙醇作溶剂提取，从提取物中分离得到3种氨基酸以及有机酸苷类化合物。此外，穿龙薯蓣中还含有鞣质、黏液质、树脂、淀粉、黄酮等多种成分。详见表1。

表1 穿龙薯蓣分离鉴定化合物成分表

编号	化合物名称	类别
1	纤细皂苷	甾类化合物
2	薯蓣皂苷元	甾类化合物
3	薯蓣皂苷	甾类化合物
4	薯蓣皂苷元-3-O-[α-L-鼠李糖基（1→2）]-β-D-葡萄糖苷	甾类化合物
5	薯蓣皂苷元-3-O-[α-L-鼠李糖基（1→4）]-β-D-葡萄糖苷	甾类化合物
6	延令草皂苷	甾类化合物
7	鲁可斯皂苷元	甾类化合物

8	dioseptemloside G	甾类化合物
9	（25R）-dracaenoside G	甾类化合物
10	orbiculatoside B	甾类化合物
11	7-oxodioscin	甾类化合物
12	甲基原纤细皂苷	甾类化合物
13	原薯蓣皂苷	甾类化合物
14	（3β，22α，25R）-26-（β-D-glucopyranosyloxy）-22-methoxyfurost-5-en-3-yl-O-[α-L-rhamnopyranosyl-（1→4）]-β-D-glucopyranoside	甾类化合物
15	伪原薯蓣皂苷	甾类化合物
16	26-O-β-D-葡萄糖基-3β，26-二羟基-25（R）-呋甾-5，20（22）-二烯-3-O-α-L-鼠李糖基（1→2）-O-β-D-葡萄糖苷	甾类化合物
17	26-O-β-D-葡萄糖基-3β，26-二醇-25（R）-呋甾-5，20（22）-二烯-3-O-α-L-鼠李糖基（1→4）-O-β-D-葡萄糖苷	甾类化合物
18	麦角甾醇过氧化	甾类化合物
19	β-谷甾醇	甾类化合物
20	山柰酚	黄酮类化合物
21	芦丁	黄酮类化合物
22	甘草素	黄酮类化合物
23	diosniponol C	二苯乙烷（烯）类化合物
24	diosniponol D	二苯乙烷（烯）类化合物
25	4，4'-二羟基-3，3'-二甲氧基-反式-1，2-二苯乙烯	二苯乙烷（烯）类化合物

26	4，4′，7，7′-四羟基-2，2′，6，6′-四甲氧基-1，1′-二-9，10-二氢菲	菲类化合物
27	2，2′，7，7′-四羟基-4，4′，6，6′-四甲氧基-1，1′-二菲	菲类化合物
28	4，7-二羟基-2，3，6-三甲氧基菲	菲类化合物
29	3，7-二羟基-2，4，6-三甲氧基菲	菲类化合物
30	2，7-二羟基-3，4，6-三甲氧基-9，10-二氢菲	菲类化合物
31	7-羟基-2，3，5-三甲氧基-9，10-二氢菲	菲类化合物
32	diosniposide B	菲类化合物
33	4，7-二羟基-2，6-二甲氧基-9，10-二氢菲	菲类化合物
34	7-羟基-2，6-二甲氧基-1，4-菲二酮	菲类化合物
35	（5R，1E）-1，7-双（4-羟基苯基）-5-羟基-1-庚烯-3-酮	二苯庚烷类化合物
37	（3R，5R）-3，5-二羟基-1-（4-羟基-3-甲氧基苯基）-7-（3，4-二羟基苯基）庚烷	二苯庚烷类化合物
38	1，7-双（4-羟基苯基）-1E，4E，6E-庚三烯-3-酮	二苯庚烷类化合物
39	tsaokoarylone	二苯庚烷类化合物
40	1，7-双（4-羟基苯基）-4E，6E-庚二烯-3-酮	二苯庚烷类化合物
41	1，7-双（3，4-二羟基苯基）-4E，6E-庚二烯-3-酮	二苯庚烷类化合物
42	（4E，6E）-1-（3′，4′-二羟基苯基）-7-（4″-羟基苯基）-4，6-庚二烯-3-酮	二苯庚烷类化合物
43	（+）-丁香脂素	其他类化合物
44	（+）-丁香脂素-4-O-β-D-葡萄糖苷	其他类化合物

45	（3S）-6，8-二羟基-3-苯基-3，4-二氢异香豆素	其他类化合物
46	大黄素	其他类化合物
47	（1S，3S，5R，6E）-1，7-双（4-羟基苯基）-1，5-环氧-3-羟基-6-庚烯	其他类化合物
48	（1S，3S，5S）-1，7-双（4-羟基苯基）-1，5-环氧-3-羟基庚烷	其他类化合物
49	diosniponol B	其他类化合物
50	（1S，3R，5S）-1，7-双（4-羟基苯基）-1，5-环氧-3-羟基庚	其他类化合物
51	diosniponol A	其他类化合物
52	1-（4-羟基-3-甲氧基苯基）-5-（4-羟基苯基）-（1E，4E）-1，4-戊二烯-3-酮	其他类化合物
53	儿茶酚	其他类化合物
54	4-羟基苯乙醇-4-O-β-D-葡糖苷	其他类化合物
55	3，4-二羟基苯甲酸	其他类化合物
56	4-羟基-3-甲氧基苯甲酸	其他类化合物
57	对羟基苯甲酸	其他类化合物
58	对羟基苯乙酸	其他类化合物
59	4-羟基苯甲醛	其他类化合物
60	羟苯基丁酮	其他类化合物
61	N-乙酰酪胺	其他类化合物
62	酪胺	其他类化合物
63	5-羟甲基糠醛	其他类化合物
64	二十六烷酸	其他类化合物

第二节 穿龙薯蓣药理作用研究

穿龙薯蓣的主要有效成分薯蓣皂苷和薯蓣皂苷元，其中，甾体皂苷类是合成甾体激素类药物的主要原料。近代药理学研究表明，穿龙薯蓣还有调节免疫系统、改善心血管功能、镇咳、祛痰、平喘、治疗类风湿性关节炎、冠心病、心绞痛等，有很高的医疗及商业价值，因而日益受到人们广泛的关注。

一、降血脂

高脂血症是一种全身性疾病，可以加速全身动脉粥样硬化，引发冠心病、心肌梗死等多种疾病，严重威胁人们身体健康。早在 20 世纪 60 年代就有关于薯蓣皂苷抗高血脂作用的报道，随着对薯蓣皂苷研究的深入，其降脂作用越来越受到重视。李伯刚等研究发现薯蓣属植物的甾体皂苷能使血清中总胆固醇(TC)的浓度下降近25%、总甘油三酯 (TG)浓度下降43%，使载脂蛋白apoA1/apoB比值显著上升，从而对高脂血症有预防和治疗作用。另有研究发现，试验动物用薯蓣皂苷元灌胃给药后，可使血液中的胆固醇浓度大幅下降。探讨其机理可能与抑制胆固醇微胶粒形成和吸收抑制有关。杨瑞丰等在临床研究中发现，薯蓣皂苷可改善血液流变学，调节脂质代谢，能使低密度脂蛋白、氧化修饰低密度脂蛋白、血清总胆固醇及甘油三酯的含量明显减少，同时还可使血液黏度下降，可用于动脉粥样硬化的预防和治疗。Wang T等研究发现，患有高脂血症的大鼠经原薯蓣皂苷干预后，其血液凝固时间明显缩短，其血中三酰甘油、胆固醇、低密度脂蛋白和高密度脂蛋白的浓度也都相应地发生了改变。之后，又对延令草皂苷的降血脂功效进行了研究，结果发现，经腹腔注射延令草皂苷的高脂血症大鼠，其血中胆固醇、三酰甘油、低密度脂蛋白和高密度脂蛋白水平均恢复正常，出血时间和凝血时间也显著改善。

二、抗血小板凝聚

宁可永等观察薯蓣皂苷元对大鼠体内外血栓形成及血液黏度的影响，发现薯蓣皂苷元能抑制大鼠体外血栓形成，降低血栓干、湿重；能延长大鼠体内血栓形成时间；降低全血黏度和血浆黏度，为临床治疗缺血性心、脑血管疾病提供了实验依据。王新占等人的研究表明，薯蓣皂苷既能抑制心肌耗氧量、心脏负荷、血液黏稠度、血脂的增加，又能促进微循环使冠脉血流量增加，改善心肌缺血状态，从而具有治疗冠心病的功效。

三、对心血管的作用

研究表明，穿龙薯蓣的水溶性皂苷能够明显地增强小鼠心肌营养性的血流量，对冠心病和心绞痛均有显著的治疗效果。对大鼠的实验研究结果表明，穿龙薯蓣的水提物能够清除大鼠运动过程中所产生的脂质过氧化物的含量，提高大鼠血液中 BS、Hb 的含量以及机体内抗氧化酶的活性，说明穿龙薯蓣水提物对心、脑、肝、肾等组织可能均具有很好的保护作用。倪兰等研究表明薯蓣皂苷对乳鼠心肌细胞造成缺氧/复氧损伤修复作用，结果表明，薯蓣皂苷可通过抗氧化作用发挥对缺氧/复氧心肌细胞的保护作用，如提高受损心肌细胞培养液中 SOD 活性，降低MDA 及NO 含量。高卫真等实验结果表明，薯蓣皂苷干预组心肌细胞搏动频率、细胞存活率、线粒体膜电位($\triangle \Psi$m)同 A/R 组比较，明显升高；而细胞内平均钙离子荧光强度则显著低于 A/R 组。其作用机理可能涉及对线粒体膜保护和防止细胞内钙超载等。范晓静等的研究表明，薯蓣皂苷可以提高大鼠缺血再灌注心肌 ATP 含量并降低腺苷酸池水平，对缺血再灌注大鼠心肌能量代谢障碍有改善作用。魏星等通过实验揭示，薯蓣皂苷预处理组能明显降低心肌缺血再灌注时血浆中血小板活化各细胞因子的含量的机制可能涉及抗血小板活化。宁可永等以犬急性实验性心肌缺血为模型，研究薯蓣皂苷元对心血管的影响，结果表明，薯蓣皂苷元可明显减小心肌梗死范围，减轻心肌缺血程度，扩张冠状动脉，增加心肌供血，同时改善血管内皮细胞的功能。其后，宁可永等采用大鼠冠状动脉结扎心肌梗死模型，测定心肌梗死范围及血管活性物质，表明薯蓣皂苷元可显著降低心肌梗死面积，抑制血清肌酸激酶(CK)、乳酸脱氢酶(LDH)的升高，显著降低增高的丙二醛(MDA)水平，升高超氧化物歧化酶(SOD)、一氧化氮(NO)水平。探讨了薯蓣皂苷治疗紧急梗死的机制。此外，梁绪国等以AngⅡ增加内皮细胞凋亡率，观察并表明薯蓣皂苷对AngⅡ的抑制作用、并且有保护内皮细胞、调节细胞的凋亡作用和防治动脉粥样硬化。赵娜夏等采用大鼠静脉旁路血栓形成的方法，研究穿龙薯蓣中部分化合物对抗血栓活性的影响。结果显示，薯蓣皂苷具有一定的抗血栓活性，作用强度接近阿司匹林；另有实验明结果表明，薯蓣根茎中总甾体皂苷（TSS）可抑制大鼠血小板聚集、血栓形成以及活化部分凝血酶时间，且呈现出一定的剂量依赖性。

四、抗氧化及抗衰老作用

以穿龙薯蓣、穿山龙、抗氧化为关键词，组合查询在中国知网的相关文献，共检索到相关文献15篇，其中有效文献7篇。曹亚军等以薯蓣皂苷作用于亚急性衰老小鼠模型，结果表明，薯蓣皂苷能显著提高自由基相关清除酶SOD 和 GSH-Px 的活性，减少衰老小鼠血清、肝脏及脑组织中脂质过氧化物MDA 的生成，从而起到延缓衰老的作用。颜红梅利用加压热水提取技术针对穿山龙中的甾体总皂苷类进行了提取以及含量与抗氧化的分析，结果表明，在50~175℃温度条件下以及15~45min提取时间范围内，穿龙薯蓣提取物对三种抗氧化实验（DPPH·清除试验、·OH 清除试验、Fe^{2+}还原能力）均有很好的抗氧化效果，并且发现，加压热水提取穿山龙所得浸膏量少，纯度高。邓寒霜在对穿山龙多糖提取、纯化工艺及其体外抗氧化活性研究结果表明，穿山龙多糖可用于消除DPPH自由基以及超氧阴离子等，这表明其具有一定的体外抗氧化活性，可用来开发成功能性食品添加剂或者天然的抗氧化剂。

五、对甲状腺的作用

王庆浩等以穿山龙提取液作用于 Gravse 病（毒性弥漫性甲状腺肿）大鼠模型，得出穿山龙具有抗甲状腺作用的结论。在此工作的基础上，采用类似作用手段，测定 NIS mRNA 表达，结果表明，穿山龙具有较强的抑制 NIS mRNA 表达，从而抑制碘捕获的作用。在分子水平上解释了穿山龙抗甲状腺作用的机制。

六、抗肿瘤作用

薯蓣皂苷可以通过抑制肿瘤细胞分裂和增殖，诱导肿瘤细胞分化和凋亡，增强抑癌基因的表达，调控细胞周期等途径来发挥抗肿瘤作用。Hu K 等利用抗癌药筛选系统，对薯蓣皂苷类化合物对人体60余种癌细胞的体外细胞毒活性进行了考察，发现大多数薯蓣皂苷类化合物对上述人体癌细胞均有细胞毒活性。其中对中枢神经系统癌细胞活性较强的有甲基原纤细皂苷、甲基原新薯蓣皂苷、原新薯蓣皂苷、纤细皂苷和甲基原新纤细皂苷；对白血病细胞活性较强的有原薯蓣皂苷、原新薯蓣皂苷、纤细皂苷和甲基原新纤细皂苷；对前列腺癌细胞活性较强的有原新薯蓣皂苷、纤细皂苷和甲基原新纤细皂苷；对结肠癌细胞活性较强的有原薯蓣皂苷和甲基原薯蓣皂苷；对乳腺癌细胞作用最强的是甲基原薯蓣皂苷。

高智捷等观察到薯蓣皂苷抑制白血病细胞增殖效应，并对白血病细胞类型无明显选择性。侯丽等观察薯蓣皂苷对乳腺癌细胞周期影响，结果表明，薯蓣皂苷能下调G0/G1期与S期细胞数值，上调G2/M期细胞与凋亡细胞数值，其抑制乳腺癌细胞增殖与其影响细胞周期及诱导细胞凋亡有关。随后，陈信义、高志捷等通过移植性小鼠乳腺癌动物模型，进一步考察薯蓣皂苷抗肿瘤活性。结果表明，薯蓣皂苷不同剂量与不同给药途径对移植性小鼠乳腺癌瘤体均有抑制效果，其中，以腹腔注射组疗效最佳。在之后的研究中，他们又研究薯蓣皂苷对多种实体瘤细胞的抑制效应，结果表明薯蓣皂苷抗瘤谱较为广泛。

李会影等研究薯蓣皂苷元对替加氟(PT-207)抗肿瘤的增效减毒作用。结果表明，薯蓣皂苷元对小鼠 MFC 有明显的抑瘤作用，能提高巨噬细胞的功能和血清溶血素的含量。并且薯蓣皂苷元可增加替加氟的抑瘤效果，提高机体免疫机能，减轻化疗毒副反应。

陈声武等通过整体动物实验，观察薯蓣皂苷元对移植人低分化胃腺癌细胞株(MGC-803)荷瘤裸鼠肿瘤增重的影响，结果表明：薯蓣皂苷元 400、200 和 100 mg·L^{-1}对移植 MGC-803 荷瘤裸鼠肿瘤生长均具有明显的抑制作用。并呈现出较好的量效关系，平均抑瘤率可达 44.9%~64.5%。李晶华等和宋宇等的论文，观察薯蓣皂苷元对人低分化胃腺癌细胞株 (MGC-803)的细胞分裂和集落形成的影响，结果表明，薯蓣皂苷元能够明显抑制 MGC-803 的细胞分裂和集落形成。并探讨其可能的作用机制为薯蓣皂苷元在较低浓度(3.750 mg 和 7.500mg·L^{-1})下，可直接抑制 MGC-803 细胞 DNA 的合成，半数抑制浓度(IC50)为 13.17 mg·L^{-1}。

薯蓣皂苷抗肿瘤的构效关系也有初步研究，马朋等用酸性磷酸酶法分别检测五种薯蓣皂苷对人源性肝癌BEL-7404细胞株体外生长的抑制作用，结果表明，薯蓣皂苷5对肝癌细胞的生长抑制作用较强，抑制率达到90%以上。构效关系分析表明，得出薯蓣皂苷5的末端β-半乳糖基可提高其抗肿瘤细胞毒活性的结论。

宋宇等通过研究证明，薯蓣皂苷元对MGC-803等数十种人体肿瘤细胞均有抑制其生长增殖的作用，并具有选择性，同时，随着薯蓣皂苷元浓度的增大以及作用时间的延长，凋亡细胞DNA碎片的增加也呈现出规律性地变化。结果表明，薯蓣皂苷元可以引起肿瘤细胞形态的改变和 DNA 的片段化，然后可能是通过诱导该细胞凋亡来抑制肿瘤细胞的生长速度，最终发挥抗肿瘤的作用。

七、镇咳作用

氨水引咳小鼠后，口服水溶性或水不溶性皂苷、总皂苷，以及小鼠腹腔注射穿山龙煎剂，均有明显的镇咳作用。何宝骏等首次从穿山龙水溶性提取物中分离得出的一种酸性物质（对一羟苄基酒石酸），经小鼠腹腔给药后即有显著的镇咳作用，以后又经临床11例慢性气管炎患者使用验证，皆证明其具有良好的止咳效果，同时无明显的毒副作用。同时，张燕萍等通过复方穿山龙汤药煎服并合用川芎嗪穴位注射的内外结合，来治疗支气管哮喘患者。其中治疗组患者的总体有效率达到 92.42 %，患者总体显效率为 56.06 %，同时能够使这些患者喘息咳嗽的症状均有较好的改善，研究证明，此法能在较短的时间内缓解哮喘症的急性发作，同时可以达到很好的治疗效果。王媛等通过研究证明，穿山龙提取物不仅能通过减少患哮喘的豚鼠肺部的 Eos 组织浸润，而且还能够通过减低细胞因子（IL-5、IL-3 等）的含量，来达到镇咳及祛痰平喘的效果。

八、其他作用

药理研究还证明穿山龙提取物薯蓣皂苷元有很强的抗炎、抗过敏效应，并且能够抑制胃肠道的过敏反应，同时减少腹泻的发生。因为薯蓣皂苷元有雌激素样作用，并且其化学结构与雌激素的结构相似，因此，有研究表明可以考虑将薯蓣皂苷元作为激素替代药物来用于绝经期妇女骨质疏松病症的治疗。姚丽等首次筛选出穿山龙水提取物 30% 乙醇洗脱部位，并证明此部位能够显著降低实验小鼠的血尿酸水平。

第三节　穿龙薯蓣采收年限研究

药材的采收是否合理，直接影响药材的产量、品质和获收率。药用植物的合理采收是药材生产中的关键技术之一。如果药用植物的种植产地适宜，生长条件良好，采收合理，那么药材的质量则佳。为获取药材的优质生产，应根据药用植物的生长发育状况和药效成分变化规律，并探索采收期与产量、质量、地区及采收次数等相关性的基础上，科学地指导药用植物的合理采收。

一般来讲，采收期对产量影响很大，不仅年内各时期、各月份存在差异，而且多年生采收年限不同产量也不同。此外，药材繁殖方式不同，采收期也不同。如以果实或种子入药的药材必须实时采收，如果采收过晚，果实易脱落或果实开裂种子散出，这样不仅减少了产量，还浪费人力。根类药材收获过晚，不仅影响收获率，而且易使根部折断，降低药材质量。最后确定药材采收期必须把有效成分的积累动态与产品器官的生长动态结合起来考虑。一般有效成分含量有显著高峰期。若是产品器官产量变化不显著的，则以含量高峰期为最佳采收期；含量变化不显著，而产量有显著高峰期者，则以产量高峰期为最佳采收期。有效成分含量高峰期与产品器官产量高峰期不一致时，以有效成分总含量较高时，为最适采收期。

穿龙薯蓣无论是野生的还是栽培的，无论是有性繁殖还是无性繁殖，以及不同年龄的根茎，在薯蓣皂苷元含量和总皂苷含量方面无差异。但春天采集的药材其薯蓣皂苷元和总皂苷元的含量稍高于秋天采集的药材。薯蓣皂苷元在种子的胚中就已经存在，随着种胚的萌发，薯蓣皂苷元分布集中于节部膨大的球体状中，在其发育形成的小根状茎中薯蓣皂苷元主要分布于基本组织薄壁细胞中，而处于强烈分生状态的细胞不合成薯蓣皂苷，基本分生组织细胞内开始合成并积累小量的薯蓣皂苷或其他前体物质，分化完成的薄壁细胞组织细胞内则大量合成并积累薯蓣皂苷。

此外，由于影响穿龙薯蓣皂苷含量的因素较多，主要有分布区域、海拔、土壤、水分、温度和光照等环境因子，也有株间雌雄株差异、生长时间、生育期、开花时间、根茎水分含量及形态等自身因子。皂苷在根茎中积累高峰期是现蕾及盛花期，结实期后明显下降；在根茎生长明显的8—9月份，含量有一定提高，至枯萎期的10月和11月时含量又出现下降；2年生根茎皂苷元含量明显高于1年生，适宜的采收期应为第二年的枯萎期或第三年的现蕾开花期。

因此，对穿龙薯蓣采收年限的研究主要从产量和薯蓣皂苷元含量两个方面考虑。从穿龙薯蓣根茎的生长量上看，穿龙薯蓣根茎的寿命为5～6年，第1年是根茎养分积累的阶段，此时生长比较慢，从第2年开始根茎进入快速生长阶段，但形成产量的关键时期是第3年和第4年，所以单从产量这个角度考虑，最佳采收年限为3年或4年。从薯蓣皂苷元含量上看，2年生穿龙薯蓣根茎中的薯蓣皂苷元即已达到中国药典标准，可以进行采收，但3、4年生穿龙薯蓣根茎中薯蓣皂苷元的含量远高于2年生，且3年生与4年生的有效成分含量差异较小，从提高土地利用率的角度考虑，最好栽培3年后采收。综合产量和薯蓣皂苷元含量两项指标可确定长白山区穿龙薯蓣采收年限为3年。

穿龙薯蓣的采收时期也直接关系到穿龙薯蓣产量和薯蓣皂苷元的含量，此方面的研究已取得较大的进展。据有关研究表明，3年生穿龙薯蓣在1年中各时期的薯蓣皂苷元含量均达到中国药典标准，5月初含量最高。从产量指标上看，5月初正是植株的萌芽期，根茎自身营养消耗小，此后随着植株的生长，根茎中贮存的干物质分解，供给地上部分生长发育所需营养、产量逐渐下降，但随着植株的生长逐渐停止，根茎生长发育停止，积累干物质最多，因此产量高，所以9月下旬至翌年5月上旬之前采收产量较高，且折干率也较大。综合产量和薯蓣皂苷元含量两项指标采收时间应确定为9月下旬至翌年5月上旬之间。

主要参考文献

［1］曾涌，等.薯蓣属植物化学成分及药理活性的研究进展［J］.中国药房，2016，27（31）：4453-4459.

［2］黄鸣龙，蔡祖恽，王志勤.副肾皮酮乙酸酯的合成［J］.化学学报，1959，25（5）：295-301.

［3］Dianhui Luo.Identification of structure and antioxidant activity or a fraction of polysaccharide purified from Dioscorea nipponica MakinoF［J］.Carbohydrate Polymers，2008，71：544-549.

［4］王昭晶，罗颠辉.穿山龙多糖的提取纯化与抗氧化活性研究［J］.天然产物研究与开发，2007，19（1）：29-34.

［5］Guohua Zhao，et al.Structural features and immunological activity of a polysaccharide from Dioscores oppsita Thunb rootsF［J］.Carbohydrate Polmers，2005，61（2）：125-131.

［6］徐琴，等.淮山药多糖的研究［J］.中药材，2006，29（9）：909-912.

［7］舒艳.穿龙薯蓣抗癌活性成分的研究［D］.沈阳：沈阳药科大学中药学院，2006.

［8］卢丹，等.穿龙薯蓣地上部分的化学成分［J］.中草药，2007，38（12）：1785-1787.

［9］陈帅，等.穿龙薯蓣地上部分脂溶性成分的GC-MS分析［J］.特产研究，2007，（3）：50-51.

［10］张黎明，袁毅.大孔吸附树脂富集穿龙薯蓣水溶性皂苷工艺研究［J］.天然产物研究与开发，2007.19（5）：862-865.

［11］张永清，程炳嵩，邵去峰.五种药材饮片中氨基酸成分分析［J］.山东医药工业，1988，7（4）：48.

［12］张家勇.穿龙薯蓣水溶性成分的研究［D］.沈阳：沈阳药科大学中药学院，2007.

［13］黄开毅，等.黄独的化学成分［J］.沈阳药科大学学报，2007，24

（3）：145-147.

［14］张园园，等.穿龙薯蓣中甾体皂苷的分离与鉴定［J］.中南药学，2012，10（6）：443.

［15］赵娜夏，韩英梅，张士俊.穿龙薯蓣中抗血栓活性成分研究［J］.中草药，2011，42（4）：652.

［16］Ali Z, Smillie TJ, Khan IA. 7-oxodioscin, a new spirostan steroid glycoside from the rhizomes of Dioscorea nip-ponica［J］. Nat Prod Commun, 2013, 8（3）：319.

［17］李淑青.粉草薢化学成分、皂苷制备工艺及其质量控制方法研究［D］.北京：北京中医药大学，2013：37-44.

［18］王辉，胡长鹰，庞自洁，等.盾叶薯蓣中甾体皂苷的研究［J］.中草药，2009，40（1）：36.

［19］赵庆兵，等.盾叶薯蓣难溶性甾体皂苷的提取及其抑制人肝癌细胞HepG2增殖的研究［J］.华西药学杂志，2010，25（5）：527.

［20］Wang T, et al. Antihyperlipidemic effect of protodioscin, an active ingredient isolated from the rhi-zomes of Dioscorea nipponica［J］. Planta Med, 2010, 76（15）：1642.

［21］Zhao XL, et al. Two new steroidal sa-ponins from Dioscorea panthaica［J］. Phytochem Lett, 2011, 4（3）：267.

［22］卢丹，等.穿龙薯蓣地上部分的化学成分（Ⅱ）［J］.中草药，2010，41（5）：700.

［23］Woo KW, et al. Phenolic derivatives from the rhizomes of Dioscorea nipponica and their anti-neuroinflammatory and neuroprotective activities［J］. JEthnopharmacol, 2014, 155（2）：1164.

［24］Lu D, Liu J, Li P. Dihydrophenanthrenes from the stems and leaves of Dioscorea nipponica Makino［J］. Nat Prod Res, 2010, 24（13）：1253.

［25］Lu D, Liu JP, Li HJ, et al. Phenanthrene derivatives from the stems and leaves of Dioscorea nipponica Makino［J］. J Asian Nat Prod Res, 2010, 12（1）：1-5.

［26］刘仰斌，李启华，盛瑶环.穿山龙水提取物对大鼠血液生化指标作用的研究［J］.湘南学院学报，2009，11（3）：16-19.

［27］李伯刚，等.中国药用薯蓣资源植物研究与产业化开发（第一版）

［M］.北京:科学出版社，2006.

　［28］马海英，等.薯蓣皂苷元和黄山药总皂苷抗高脂血症作用比较［J］.中国中药杂志，2002，27（7）：528-530.

　［29］杨瑞丰，等.薯蓣皂苷对血脂紊乱治疗的临床研究［J］.中国心血管病研究杂志，2005，3（10）：776-777.

　［30］Wang T，et al. Trillin，a steroidal saponin isolated from the rhizomes of Dioscorea nipponica，exerts protective effects against hyperlipidemia and oxidative stress［J］. J Ethnopharmacol，2012，139（1）：214.

　［31］宁可永，李贻奎.薯蓣皂苷元对大鼠体内外血栓形成及血液黏度的影响.中药新药与临床药理，2008，19（1）：3-5.

　［32］王新占.薯蓣皂苷治疗冠心病心绞痛临床观察［J］.中国心血管研究杂志，2004，2（4）：256-257.

　［33］张克义，常天辉，李伯坚，等.穿龙冠心宁及水溶性皂苷对小白鼠心肌营养性血流量的影响［J］.中国医科大学学报，1982，11（3）：10-11.

　［34］倪岚，等.薯蓣皂苷对缺氧/复氧心肌细胞损伤的抗氧化作用研究［J］.上海中医药杂志，2007，41（11）：76-77.

　［35］高卫真，等.薯蓣皂苷对培养乳鼠心肌细胞缺氧/复氧损伤的保护作用［J］.中国分子心脏病学杂志，2008，8（2）：72-74.

　［36］范晓静，等.薯蓣皂苷对大鼠缺血再灌注心肌能量代谢的影响［J］.天津医科大学学报，2008，14（4）：409-411.

　［37］魏星，等.薯蓣皂苷对心肌缺血再灌血小板活化的影响［J］.天津医科大学学报，2009，15（1）：7-9.

　［38］宁可永，等.薯蓣皂苷元对犬急性心肌缺血的影响［J］.中药新药与临床药理，2007，18（6）：417-421.

　［39］宁可永，等.薯蓣皂苷元对大鼠急性心肌缺血的治疗作用［J］.中药新药与临床药理，2008，19（1）：1-3.

　［40］Li H，et al. Anti-thrombotic activity and chemical characterization of steroidal saponins from Dioscorea zingiberensis C.H. Wright［J］. Fitoterapia，2010，81（8）：1147.

　［41］曹亚军，等.薯蓣皂苷对亚急性衰老小鼠的抗氧化作用研究［J］.中药药理与临床，2008，23（4）：19-20.

　［42］王庆浩，等.穿山龙对 Graves’病大鼠甲状腺激素的影响［J］.中

医药学报，2007，35（2）：26-28.

［43］Hu K，et al.Anrineoplastic angents I.Three spirostanol glycosides from rhizomes of Dioscorea colletii var.hypoglauca.Planta Med，1996，62（6）：573-575.

［44］高智捷，等.薯蓣皂苷体外抑制白血病细胞增殖研究［J］.中国中医基础医学杂志，2003，9（8）：577-579.

［45］侯丽，等.薯蓣皂苷对乳腺癌细胞周期影响研究［J］.中国中医基础医学杂志，2005，11（11）：831-832.

［46］李会影，等.薯蓣皂苷元对灌胃FT-207荷瘤小鼠的减毒作用［J］.中成药，2007，29（5）：655-658.

［47］陈声武，等.薯蓣皂苷元对移植人低分化胃腺癌荷瘤裸鼠肿瘤重量的影响［J］.吉林大学学报医学版，2003，29（2）：145-146.

［48］李晶华，等.薯蓣皂苷元对人低分化胃腺癌细胞株生长的抑制作用［J］.吉林大学学报医学版，2004，30（2）：198-200.

［49］宋宇，等.薯蓣皂苷元对人胃低分化黏液腺癌细胞作用的研究［J］.北京中医药大学学报，2005，28（4）：42-44.

［50］马朋，等.薯蓣皂苷类化合物体外抗肿瘤作用的研究［J］.滨州医学院学报2008，31（5）：326-328.

［51］宋宇，等.薯蓣皂苷元体外抗肿瘤作用的研究［J］.中国肿瘤，2004，13（10）：651-653.

［52］何宝俊，等.穿山龙水溶性有效成分的研究 I［J］.药学学报，1980，15（12）：764.

［53］何宝骏，等.穿山龙水溶性有效成分对-羟基酒石酸的分离与鉴定［J］.药学通报，1980，15（10）：9.

［54］张燕萍，等.复方穿山龙汤合并穴位注射川芎嗪治疗支气管哮喘临床观察［J］.中国中医急症，1998，7（2）：59-60.

［55］王媛，等.中药穿山龙对哮喘豚鼠嗜酸性粒细胞影响的实验研究［J］.中华中医药学刊.2009，27（9）：1898-1902.

［56］Huang CH，Ku CY，Jan TR. Diosgenin attenuates allergen-induced intestinal inflammation and IgE production in a murine model of food allergy［J］.Planta Med，2009，75（12）：1300-1305.

［57］Hsu KH，et al. Effects of yam and diosgenin on calpain systems in skeletal muscle of ovariectomized rats［J］. Taiwan J of Obstet Gynecol，2008，47

（2）：80–186.

[58] 姚丽，刘树民.中药穿山龙新的药理作用及其有效部位的实验研究 [J].中华中医药学刊，2010，28（9）：1979–1981.

[59] 颜红梅.加压热水提取对穿山龙有效成分及其抗氧化活性影响 [D]，山东：青岛科技大学，2016.

[60] 邓寒霜.穿山龙多糖提取、纯化工艺及其体外抗氧化活性研究 [D]，陕西：西北大学，2015.

[61] 刘丽娟，金德祥，牛志多，等.穿龙薯蓣最佳采收期的研究 [J].中草药，2005，36（12）：1879–1981.

[62] 秦佳梅，牛志多，张卫东，等.长白山区栽培穿龙薯蓣采收期的研究 [J].西北农林科技大学学报，2007，35（5）：166–172.

第三章

穿龙薯蓣多糖提取及药理活性研究

多糖,又称多聚糖,是由十个以上相同或不同的单糖以 α-或 β-糖苷键连接而成的天然高分子聚合物。它广泛存在于动物、植物和微生物中,是维持生物体正常生命活动的能量来源和组成成分,也是生物体内除蛋白质和核酸以外又一类重要的信息分子。近些年来,多糖已经成为国内外科研人员研究的热点,国际科学界视多糖的研究为生命科学的前沿领域,甚至提出 21世纪是多糖的世纪。由于多糖结构的复杂性、提取分离纯化的标准要因糖而异等诸多原因,科学工作者的研究工作遇到很多困难,但随着化学、生物学、药学和药理学的快速发展和相互渗透,国内外科研人员通过对多糖的大量研究,已有数百种多糖类化合物从天然产物中被分离出来,并且通过多角度的反复研究,已经证实这些活性多糖具有广泛的生物学效应。目前研究发现多糖具有免疫、抗肿瘤、抗病毒、抗凝血、抗突变、降血糖、降血脂等活性,部分多糖作为治疗癌症的辅助药物已经在临床上使用。来自天然植物的植物多糖,具有无毒、无副作用、无残留等优点,受到人们广泛的关注,并取得了很大的研究进展。

第一节　多糖药理作用研究

一、增强机体免疫

多糖具有免疫调节活性，是一种免疫促进剂，所以，多糖较为突出且普遍的药理作用就是其对机体免疫功能的加强。多糖对免疫系统的调节作用是通过多种途径、多个层面完成的，主要途径如下：a提高巨噬细胞的吞噬能力。陈伟等研究表明库拉索芦荟多糖对小鼠腹腔巨噬细胞具有体外激活作用。现已发现香菇多糖、黑柄炭角多糖、裂褶菌多糖、细菌脂多糖、牛膝多糖、商陆多糖、树舌多糖、海藻多糖等也具有这种免疫促进功能。b促进B细胞增殖，增加抗体的分泌。从桔梗(PG)根中分离的一种多糖，能促进B细胞增殖，显著地增加IgM抗体的产生，刺激巨噬细胞内一氧化氮合酶iNOS的转录和产生。现已发现银耳多糖、香菇多糖、褐藻多糖、苜蓿多糖等也具有这种免疫促进功能。c活化T细胞，诱导其分泌多种淋巴因子，起到免疫增强的作用。甘璐等 研究发现枸杞多糖可显著提高荷瘤鼠细胞毒性T淋巴细胞杀伤功能，提高其免疫能力。现已发现中华猕猴桃多糖、猪苓多糖、人参多糖、刺五加多糖、芸芝多糖、香菇多糖、灵芝多糖、银耳多糖、商陆多糖Ⅰ、黄芪多糖等也具有这种免疫促进功能。d促进生成多种细胞因子，如白细胞介素IL-1、IL-2。冯鹏等发现灵芝多糖能显著促进细胞因子IL-1、IL-2、IL-6、IL-12的生成。e激活补体系统。友田正司[51]研究发现，从大枣中提取的中性大枣阿聚糖、从车前子中得到的主黏质多糖A、从圆锥绣球花树皮中得到的黏质多糖均可显示高的抗补体活性。现已发现酵母多糖、裂褶菌多糖、当归多糖、茯苓多糖、酸枣仁多糖、细菌脂多糖、香菇多糖等均可以一定程度激活补体系统。

二、抗肿瘤

肿瘤是危害人类健康的常见疾病之一，其中恶性肿瘤严重威胁到人类生命和生活质量。大量研究现已证实许多植物和真菌中的多糖成分都具有抗肿瘤活性，被作为抗肿瘤药物或辅助药物，在一定程度上可以克服化疗、放疗过程中对正常细胞的损伤，如灵芝、云芝、枸杞、人参、香菇、银耳、芦荟、仙人掌、刺五加等。迄今为止，在我国已投放市场的多糖药物包括香菇多糖注射液、猪苓多糖注射液、云芝多糖胶囊、黄芪多糖、云芝肝泰、灰树花胶囊等，且已被广泛应用。多糖抗肿瘤的机制主要有以下几个方面：（1）免疫调节。通过增强机体的免疫功能间接抑制或杀死肿瘤细胞的多糖有人参多糖、红枣多糖、芦荟多糖、巴戟天多糖、云芝多糖、香菇多糖、糠多糖、柴胡多糖等。（2）影响细胞生化代谢。利用此机制抗肿瘤的多糖有茯苓多糖、刺五加多糖、牛膝多糖、香菇多糖、猪苓多糖等。（3）抑制肿瘤细胞周期。云芝多糖、地黄多糖、褐藻硫酸多糖、人参多糖、当归多糖等均能抑制肿瘤细胞的生长。（4）抗氧化作用。石芝多糖、芦荟多糖、香菇多糖、海藻硫酸多糖等都有抗氧化作用。

三、抗氧化

大量自由基研究证明，氧在代谢过程中能产生多种性质活泼的自由基，这些自由基会造成生物体衰老、癌变和多种疾病。因此提高机体抗氧化能力可以在一定程度上缓解衰老，预防多种疾病。目前已发现多种植物多糖和真菌多糖具有清除自由基、提高抗氧化酶活性和抑制脂质过氧化活性的能力，起到保护生物膜和延缓衰老的作用。大量研究证实具有此项抗氧化功能的多糖有唐古特大黄多糖、肉苁蓉多糖、螺旋藻多糖、枸杞多糖、山药多糖、沙棘叶多糖等。

四、抗病毒

近年来，多糖的抗病毒功能逐渐被人们关注。多糖类化合物作为抗HIV药物有着广阔的开发应用前景。硫酸化多糖可以消除HIV引起的细胞病变，有效抑制合胞体的形成，也具有广泛的抗囊膜病毒的能力。现已发现抑制HIV的多糖有香菇多糖、地衣多糖、右旋糖杆、裂褶菌多糖、木聚糖等。红藻多糖对牛免疫病毒(BIV)的复制有明显的抑制作用。硫酸化螺旋藻多糖（Ca-SP）能抑制少数有包膜病毒的复制，如人巨噬细胞病毒、麻疹病毒、流行性腮腺炎病毒、流行性感冒病毒和HIV-I病毒等。多糖还有抗乙型肝炎病毒HBV的作用，如猪苓多糖、黄芪多糖、螺旋藻多糖等。

五、降血糖、降血脂

降血糖、降血脂也是多糖的重要功能之一，近年来关于这方面的研究和报道也有许多。孙世利等研究发现茶多糖能增加胰岛素分泌，使血糖下降。赵元等研究发现地榆多糖能抑制 α -葡萄糖苷酶活性，降低大鼠血糖。原泽知等通过实验证实海带多糖具有明显的降血脂作用。周国华等通过小鼠实验证实了黑木耳多糖有明显的降血脂作用。具有降血糖活性的多糖还有人参多糖、乌头多糖、麻黄多糖、知母多糖、甘蔗茎多糖、慧苗仁多糖、山药和野山药多糖等。降血脂的多糖还有褐藻多糖、甘蔗多糖等。

六、抗凝血、抗突变、抗辐射

随着人们对多糖的深入研究，多糖的抗凝血作用也逐渐被人们认识并应用。肝素是研究最深入的天然抗凝剂，在临床上用于凝血性疾病的治疗和预防。王淑如等对从茶叶中分离得到的某多糖进行研究，发现该多糖体内、体外均可显著延长血凝时间，起到抗血栓的作用。另外，褐藻多糖硫酸脂、硫酸木聚糖、黑木耳多糖、银耳多糖、海带多糖等也有明显的抗血凝功能。突变是引发肿瘤甚至癌变的前提。多糖可以通过阻止正常细胞变为突变细胞来实现抗突变作用。目前发现具有抗突变的多糖有甘薯多糖、芦荟多糖、人参多糖、波叶大黄多糖、魔芋多糖、枸杞子多糖、紫芸多糖等。多糖还具有抗辐射作用，如松茸多糖可以明显减少机体由于辐射所导致的免疫损伤；冬虫夏草多糖可被用作辐射保护剂。

七、抗胃溃疡、保肝

胃溃疡是一种常见疾病，由于胃酸和胃蛋白酶对黏膜自身消化而形成，容易并发出血、穿孔、梗阻和癌变。近些年，越来越多的多糖被发现具有抗胃溃疡的功能，如羧基化氨基多糖、人参多糖、树舌多糖、唐古特大黄多糖、红藻类多糖等。多糖在保肝方面的功效也被许多实验证明。李立华等通过对芦根多糖的研究发现芦根多糖可以通过抗氧化、保护肝细胞、抑制胶原沉积等途径来抑制肝纤维化。冬虫夏草、北五味子、红毛五加、刺五加、云芝、芦荟、枸杞、茯苓等都被研究发现其内的多糖具有保肝作用。

第二节　穿龙薯蓣多糖提取及药理活性研究

植物多糖的提取方法主要有热水浸提法、碱提法及酸提法、高压脉冲电场法等。考虑到采用稀碱或稀酸为溶剂提取多糖时会引起糖巧键的断裂而造成主成分损失。因此，热水浸提法被常用作提取多糖较传统的方法，广泛用于植物多糖的提取。

一、材料与方法

1.材料

1.1 材料采集

本实验所用材料为穿龙薯蓣地上和地下两部分。采集地点为通化市园艺研究所穿龙薯蓣栽培实验田。采集时间：根茎从2009年5月18日至10月15日，每隔15天采集一次，地上植株从2009年6月12日至7月23日，每6天采集1次。材料年限：根茎为二年生、三年生2个样品组，地上植株为三年生1个样品组。所有样品经通化师范学院生物系秦佳梅教授鉴定为薯蓣科薯蓣属穿龙薯蓣（Dioscorea nipponica Makino）。

1.2材料的处理

穿龙薯蓣根茎去土、去栓皮和须根系，晾晒。穿龙薯蓣地上植株阴干，用中药材粉碎机（Q-500B2）粉碎，过100目筛，装袋备用。

2.试剂

无水乙醇、95%乙醇、乙醚、浓硫酸、苯酚、葡萄糖、丙硫氧嘧啶、胆固醇、吐温-80、丙二醇、去氧胆酸钠等均为分析纯，水为重蒸水。试剂盒：血清总胆固醇（TC）、甘油三酯（TG）、高密度脂蛋白胆固醇（HDL-C）、低密度脂蛋白胆固醇（LDL-C）测定试剂盒（中生北控生物科技股份有限公司）。

3.实验方法

3.1穿龙薯蓣多糖水提工艺流程

穿龙薯蓣粗粉

↓

水浴浸提两次，过滤合并提取液

↓

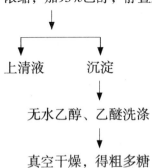

提取液　　　　　　　　药渣

浓缩，加95%乙醇，静置过夜　干燥，称重

↓

上清液　　沉淀

↓

无水乙醇、乙醚洗涤

↓

真空干燥，得粗多糖

3.2多糖含量和提取率的测定

（1）标准曲线的绘制

采用苯酚–硫酸法，准确称取标准葡萄糖10mg于100ml容量瓶中，加水至刻度，分别吸取0.1、0.2、0.3、0.4、0.5、0.6、0.7、0.8、0.9ml，分别以水补至1.0ml，然后加入6%苯酚0.5ml及浓硫酸2.5ml，摇匀冷却，室温放置20分钟后，以1.0ml水按同样显色方法操作后为空白，于490nm波长下测光密度，以葡萄糖微克数为横坐标，光密度值为纵坐标，得标准曲线。

（2）多糖含量与提取率的测定

准确称取穿龙薯蓣粗多糖10mg于100ml容量瓶中，加水定容，即为样品供试液。精密吸取上述样品供试液1ml，按标准曲线方法测定多糖含量。以提取多糖占穿龙薯蓣样品的百分比为多糖提取率。

3.3穿龙薯蓣多糖单因素提取实验研究

（1）提取温度对穿龙薯蓣多糖提取率的影响

取穿龙薯蓣根茎粉末，用无水乙醇在索氏脂肪抽提器中回流除脂2h，干燥。加水（料液比=1∶25），分别在70、80、90、100℃下的热水中浸提4h，重复提取2次。提取液浓缩后加3倍体积的95%乙醇沉淀，静置过夜，依次用无水乙醇、乙醚清洗沉淀离心，真空干燥。采用苯酚–硫酸法测定并计算样品多糖提取率。

（2）提取时间对穿龙薯蓣多糖提取率的影响

取穿龙薯蓣根茎粉末，用无水乙醇在索氏脂肪抽提器中回流除脂2h，干燥。加水（料液比=1：25），在最佳提取温度下分别浸提2h、3h、4h、5h，重复提取2次。提取液浓缩后加3倍体积的95%乙醇沉淀，静置过夜，依次用无水乙醇、乙醚清洗沉淀离心，真空干燥。采用苯酚–硫酸法测定并计算样品多糖提取率。

3.4穿龙薯蓣多糖的生理活性研究

（1）高脂饲料脂肪乳剂的配制

参照万丽等用脂肪乳剂建立小鼠高脂血症模型的方法，将1g丙硫氧嘧啶于乳钵中研细，另器存放备用。取20g猪油于40℃水浴加热融化，置于乳钵中，加入10g胆固醇，1g丙硫氧嘧啶，充分搅拌溶解。再加入吐温–80、丙二醇各20mL，研磨混匀，然后徐徐加入10%去氧胆酸钠水溶液20mL研磨乳化。再加重蒸水至100mL。装入密闭容器中，冷藏，使用时先于37℃水浴融化。

（2）高脂血症小鼠模型的建立

小鼠分组，高脂血症模型组（70只）：每天上午灌胃脂肪乳剂20mL/kg，下午灌胃2%吐温溶液20mL/kg，连续7天;正常对照组（30只）:每天上午灌胃重蒸水20mL/kg，下午灌胃2%吐温溶液20mL/kg，连续7天。各组小鼠最后一次灌胃后，禁食12h，不禁水。随机选取各组小鼠10只，摘眼球取血，分离血清，检测血清胆固醇TC水平，以确定高脂血症小鼠模型的建立。

（3）降血脂实验

将已建立高脂血症的小鼠，随机分为高脂对照组、地上多糖低浓度组（200mg/kg）、地上多糖高浓度组（400mg/kg）、地下多糖低浓度组（200mg/kg）、地下多糖高浓度组（400mg/kg）。高脂对照组单纯饮食；其余各组除正常饮食外，每日定量灌胃给予一定剂量多糖（20ml/kg）。14d后禁食12 h，摘眼球取血1ml，离心（3000r/min）10分钟分离血清。酶比色法检测血清总胆固醇（TC），甘油三酯（TG），高密度脂蛋白胆固醇（HDL–C），低密度脂蛋白胆固醇（LDL–C）水平。

4.数据统计分析

采用DPS统计分析软件对数据进行统计分析。

二、结果与分析

1.葡萄糖标准曲线

按照标准曲线的制作方法，对测得的数据进行线性回归，回归方程为：$Y=0.0109X+0.0069$，$R2=0.9981$。实验结果表明在 $10\sim90\mu g/ml$ 范围内，葡萄糖浓度与紫外线吸光度之间成良好的线性关系，可以用于实验中多糖含量测定。（见表1和图1）

中国共产党党内政治文化内容构成表

编号	1	2	3	4	5	6	7	8	9	10
葡萄糖浓度 0（ug/ml）	0	10	20	30	40	50	60	70	80	90
吸光度A	0	0.140	0.220	0.341	0.415	0.542	0.671	0.785	0.882	0.987

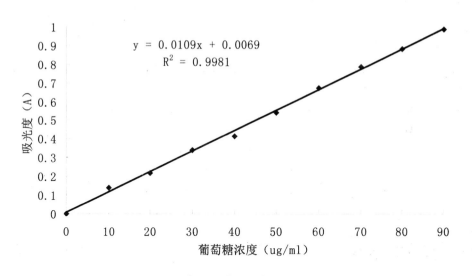

图1　葡萄糖标准曲线

2.提取温度对多糖提取率的影响

不同提取温度对穿龙薯蓣多糖提取率的影响见图2所示。从图2中可以看出，在70℃-90℃范围内，随着温度的升高，穿龙薯蓣多糖在水中的溶解度几乎呈线性关系增加，当温度超过90℃时，虽然多糖提取率的变化幅度不大，但仍有所增加（增加幅度为0.7%），所以本研究以100℃作为穿龙薯蓣多糖提取的最佳温度。

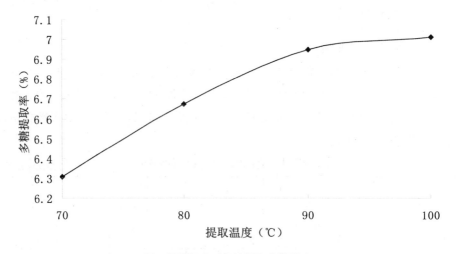

图2 提取温度对多糖提取率的影响

3.提取时间对多糖提取率的影响

在最佳提取温度100℃的基础上，研究不同提取时间对穿龙薯蓣多糖提取率的影响。结果表明，随着提取时间的延长，多糖提取率逐渐增长，提取时间延长为4h前多糖提取率一直处于升高趋势，4h达到最高（为7.31%），增长幅度为2.14%，4h之后进入平台期，且有下降的趋势，结果见图3所示，从节省能源、减少生产周期的角度考虑，本研究确定提取时间以4h左右为宜。

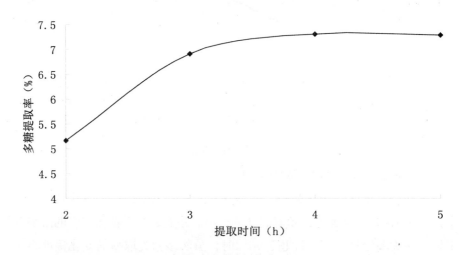

图3 提取时间对多糖含量的影响

4.不同采收期的二年生穿龙薯蓣根茎多糖含量变化情况

不同采收期的二年生穿龙薯蓣多糖含量变化规律如表2、3分析所示。从

表2的方差分析结果可知，在年生长期内，二年生穿龙薯蓣根茎中多糖含量在各个时期总体变化极显著（P<0.01）。

表3结果分析表明，6月17日（多糖含量为8.0567%）与8月31日（多糖含量为7.2900%）之间多糖含量差异不显著，但与其他各日期之间多糖含量差异均达到极显著水平（P<0.01）。8月16日（7.1367%）与8月31日之间多糖含量差异不显著，但与其他各日期之间多糖含量的差异均显著（P<0.05），且与9月15日（5.8667%）、9月30日（4.4967%）、5月18日（4.2833%）、6月2日（3.7700%）、10月15日（3.5933%）之间多糖含量差异达到极显著水平（P<0.01）。7月17日（7.0367%）与8月16日、7月2日（6.9367%）、8月1日（6.9200%）三个日期之间多糖含量差异不显著，与8月31日之间多糖含量差异显著（P<0.05），与其他各日期之间多糖含量差异极显著（P<0.01）。9月15日与其他日期之间多糖含量均达到极显著水平（P<0.01）。9月30日除与5月18日之间多糖含量差异不显著外，与其他各日期之间多糖含量均达极显著水平（P<0.01）。6月2日与5月18日之间多糖含量差异不显著，但与其他各日期之间多糖含量差异显著（P<0.05）。10月15日与6月2日之间多糖含量差异不显著。

综合以上分析，二年生穿龙薯蓣最佳采收时间是8月末。

表2　不同采收期对二年生穿龙薯蓣根茎多糖含量影响的方差分析表

变异来源	平方和	自由度	均方	F值	P值
处理间	78.8268	10	7.8827	78.472	0.0001
处理内	2.2099	22	0.1005		
总变异	81.0367	32			

表3　二年生穿龙薯蓣根茎不同采收日期多糖含量差异显著性检验

采收日期	均值（%）	5%显著水平	1%极显著水平
6月17日	8.0567	a	A
8月31日	7.2900	ab	AB
8月16日	7.1367	bc	B
7月17日	7.0367	c	B

7月2日	6.9367	c	B
8月1日	6.9200	c	B
9月15日	5.8667	d	C
9月30日	4.4967	e	D
5月18日	4.2833	ef	DE
6月2日	3.7700	fg	E
10月15日	3.5933	g	E

5.不同采收期的三年生穿龙薯蓣根茎多糖含量变化情况

同二年生穿龙薯蓣多糖变化规律一样,三年生穿龙薯蓣根茎多糖在年生育期内(从5月18日至10月15日)总体变化极显著($p<0.01$),见表4。

各个采收日期多糖含量又表现出不同的差异水平,结果如表5所示。9月30日(多糖含量为11.1445%)与7月2日(多糖含量为10.9014%)之间多糖含量差异不显著,但与其他日期之间多糖含量差异极显著($P<0.01$)。10月15日(9.1417%)与6月2日(8.2446%)之间多糖含量差异不显著,与7月17日(8.0305%)之间多糖含量差异显著($P<0.05$),与其他日期之间的多糖含量均差异极显著($P<0.01$)。6月2日与7月17日、8月1日(7.7841%)之间多糖含量差异不显著,与9月15日(7.2416%)之间多糖含量在0.05水平上差异显著,与8月16日(6.6419%)、6月17日(6.1524%)、8月31日(5.7938%)、5月18日(4.8838%)之间多糖含量均达到极显著水平($P<0.01$)。7月17日与8月1日、9月15日之间多糖含量差异不显著,与8月16日之间多糖含量差异显著($P<0.05$),与6月17日、8月31日、5月18日之间多糖含量在0.01水平上达到显著水平。9月15日与8月16日之间多糖含量差异不显著,与6月17日之间多糖含量差异显著($P<0.05$),8月31日、5月18日之间多糖含量在0.01水平上达到显著水平。8月16日与6月17日、8月31日之间多糖含量差异不显著,与5月18日多糖含量达到极显著水平($P<0.01$)。8月31日与5月18日之间多糖含量差异不显著。

由以上分析可知,三年生穿龙薯蓣最佳采收时间为9月末。

表4　不同采收期对三年生穿龙薯蓣根茎多糖含量影响的方差分析表

变异来源	平方和	自由度	均方	F值	P值
处理间	119.2503	10	11.925	40.387	0.0001
处理内	6.49590	22	0.2953		
总变异	125.7462	32			

表5　三年生穿龙薯蓣根茎不同采收日期多糖含量差异显著性检验

采收日期	均值（%）	5%显著水平	1%极显著水平
9月30日	11.1445	a	A
7月2日	10.9014	a	A
10月15日	9.1417	b	B
6月2日	8.2446	bc	BC
7月17日	8.0305	cd	BC
8月1日	7.7841	cd	CD
9月15日	7.2416	de	CDE
8月16日	6.6419	ef	DEF
6月17日	6.1524	f	EF
8月31日	5.7938	fg	FG
5月18日	4.8838	g	G

6.不同年生、相同采收期的穿龙薯蓣根茎多糖含量比较研究

研究表明，对于薯蓣皂苷元含量是否达到中国药典标准而言，二年生穿龙薯蓣即可入药，为了探讨二年生与三年生穿龙薯蓣根茎中多糖含量变化趋势是否与薯蓣皂苷元含量变化趋势相符，将二年生与三年生穿龙薯蓣根茎多糖含量进行比较，结果如图4所示。

二年生穿龙薯蓣根茎在5月18日多糖含量为4.2833%。从5月18日起多糖含量先稍微降低后逐渐上升，6月17日达最高值8.0567%。6月17日至8月31日期间多糖含量相对稳定，变化幅度只有1.14%。多糖含量最低峰出现在10月15

日，仅有3.59%。

三年生穿龙薯蓣根茎在5月18日多糖含量为4.8838%，为年生长期内最低值。7月2日达到第一个高峰，多糖含量为10.9014%。然后多糖含量先降低后上升，9月30日多糖含量可达到最大值（11.1445%）。

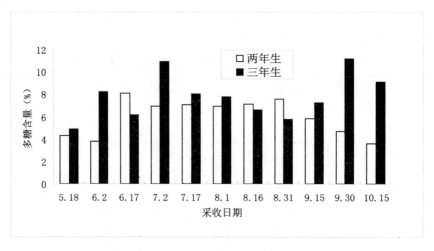

图4 不同年生、相同采收期的穿龙薯蓣根茎多糖含量

7.不同采收期三年生穿龙薯蓣地上植株多糖含量变化情况

由表6可知，从6月12日至7月24日三年生穿龙薯蓣地上植株多糖的积累量总体变化达到极显著水平（P<0.01）。

不同采收日期间的三年生穿龙薯蓣地上植株多糖含量显著水平有所不同，结果见表7。6月24日（多糖含量6.7023%）与7月18日（多糖含量5.8616%）之间多糖含量差异不显著，与其他日期之间多糖含量均极显著（P<0.01）。7月24日（4.1312%）、6月18日（3.6006%）、7月6日（3.2739%）、6月30日（3.2139%）之间多糖含量差异不显著。7月24日与7月12日（2.4881%）、6月12日（1.3533%）之间多糖含量在0.01水平上差异显著。6月18日与7月12日之间多糖含量在0.05水平上差异显著，与6月12日之间多糖含量差异极显著（P<0.01）。7月6日与6月30日、7月12日之间多糖含量差异不显著，与6月12日之间多糖含量差异极显著（P<0.01）。6月30日与6月12日之间多糖含量达到极显著水平（P<0.01）。7月12日与6月12日之间多糖含量达到显著水平（P<0.05）。

从图5可知，穿龙薯蓣地上植株多糖含量在1.35%--6.7%范围内浮动，最低峰在6月12日左右，最高峰在6月24日左右。然后多糖含量开始降低，但7月

12日之后多糖的积累又出现上升趋势，7月17日左右多糖含量出现第二次高峰，此时总糖含量约5.86%。

表6　不同采收期对三年生穿龙薯蓣地上植株多糖含量影响的方差分析表

变异来源	平方和	自由度	均方	F值	P值
处理间	63.4319	7	9.0617	22.432	0.0001
处理内	6.4633	16	0.404		
总变异	69.8952	23			

表7　三年生穿龙薯蓣地上植株不同采收日期多糖含量差异显著性检验

采收日期	均值（%）	5%显著水平	1%极显著水平
6月24日	6.7023	a	A
7月18日	5.8616	a	A
7月24日	4.1312	b	B
6月18日	3.6006	b	BC
7月6日	3.2739	bc	BC
6月30日	3.2139	bc	BC
7月12日	2.48816	c	CD
6月12日	1.3533	d	D

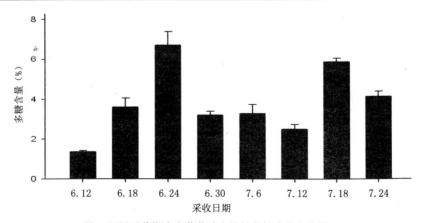

图5　不同采收期穿龙薯蓣地上植株多糖含量变化情况

8.穿龙薯蓣地上植株、根茎多糖的降血脂作用

用脂肪乳剂喂养小白鼠7d后，测得小鼠血清总胆固醇含量与喂养前的含量比较结果见表8，可见高脂血小鼠模型建立成功。

表8　高脂血小鼠建模前后血清总胆固醇（TC）比较

组别	小鼠数	TC（mmol/L）
空白对照组	10	3.21
高脂模型组	10	5.31

用不同浓度的穿龙薯蓣地上植株、根茎多糖对高脂血症小鼠进行灌胃实验，14d后，测得其血清中总胆固醇（TC），甘油三酯（TG），高密度脂蛋白胆固醇（HDL-C），低密度脂蛋白胆固醇（LDL-C），结果如表9所示。无论是地上植株多糖还是根茎多糖均能降低高脂血小鼠血清中总胆固醇（TC），甘油三酯（TG），低密度脂蛋白胆固醇（LDL-C）的水平，提高高密度脂蛋白胆固醇（HDL-C）水平，起到降血脂的作用。

表9　灌胃14d后血清中各成分变化情况

组别	小鼠数（只）	TC（mmol/L）	TG（mmol/L）	HDL-C（mmol/L）	LDL-C（mmol/L）
空白对照组	10	3.24	1.29	1.31	0.88
高脂对照组	10	5.13	2.07	1.06	1.12
地上高浓度组（400mg/kg）	10	3.56	1.65	1.23	0.9
地上低浓度组（200mg/kg）	10	3.82	1.58	1.19	1.01
地下高浓度组（400mg/kg）	10	3.94	1.44	1.22	0.98
地上低浓度组（200mg/kg）	10	3.68	1.72	1.27	0.94

三、结论

1.穿龙薯蓣多糖提取工艺

穿龙薯蓣多糖单因素提取实验研究认为100℃条件下提取时间4小时，重

复2次，此工艺下，多糖提取率最高。

2. 二年生穿龙薯蓣根茎不同采收时间多糖含量的变化规律

二年生穿龙薯蓣根茎多糖含量在年生长期内比较稳定。多糖含量从5月中旬起先稍微降低后逐渐上升，6月中旬达最高值，6月中旬至8月末多糖含量变化不大，然后多糖含量逐渐下降，最低峰出现在10月中旬。

3. 三年生穿龙薯蓣根茎不同采收时间多糖含量的变化规律

三年生穿龙薯蓣根茎多糖含量在年生长期内变化不稳定，前后出现了两个高峰。多糖含量在5月中旬为年生长期内最低值。然后多糖含量逐渐升高，至7月初达到第一个高峰。7月初至9月末多糖含量先下降后上升，9月末多糖含量达到第二个高峰，也为本生长期内最大值。随着生长进入休眠期，根茎多糖含量开始逐渐降低。

4. 三年生穿龙薯蓣地上植株不同采收时间多糖含量的变化规律

三年生穿龙薯蓣地上植株多糖含量最低峰在6月中旬，最高峰在6月下旬，可见在此段时期内穿龙薯蓣地上植株多糖的合成值远高于分解值。结合穿龙薯蓣生长周期，6月中下旬是展叶期，地上植株生长旺盛，光合产物的积累速度较快，此后随着生殖生长期的进入多糖含量出现下滑趋势。但是随着花期的结束，多糖的积累又出现上升趋势，7月中旬多糖含量出现第二次高峰，稍低于6月下旬。

5. 穿龙薯蓣多糖的药理作用

无论是穿龙薯蓣地上植株多糖还是根茎多糖均能降低高脂血小鼠血清中总胆固醇（TC），甘油三酯（TG），低密度脂蛋白胆固醇（LDL-C）的水平，提高高密度脂蛋白胆固醇（HDL-C）水平，起到降血脂的作用。

6. 穿龙薯蓣药材选择

本研究所用材料为栽培型穿龙薯蓣，以便于采集且容易区分栽培年限。采集部分是二年生根茎、三年生根茎和地上植株。对二年生地上植株未进行分析，主要是因为二年生穿龙薯蓣地上部分生长量小。根茎从5月18日开始采集，至10月15日结束，地上植株从6月12日至7月24日进行采集，原因是地上植株在5月份处于萌芽期和出苗期，可采集部分很少，而7月末逐渐进入果期，有机物用于生殖生长的相对较多，多糖积累量自然会减少，此后地上植株便进入枯萎期，所以，本实验地上植株比根茎采集的时间短。地下根茎采集间隔是15天，而地上植株间隔为6天，主要是考虑6月12日至7月24日期间，地上植株生长旺盛，时间间隔太长可能会漏掉某些重要的变化，导致结果的不准确，而根茎可采集的周期较长，且生长变化较地上植株相对缓慢，所以本实验材料因采集部位不同采集间隔也不同。

7.关于穿龙薯蓣综合利用的讨论

同根茎相比，穿龙薯蓣地上植株也可以获得相对较高的多糖，并且药理初步分析结果表明，地上植株多糖同根茎多糖一样，也可以降低小鼠的血脂，因此，穿龙薯蓣地上植株也可以入药，建议在穿龙薯蓣根茎采收期前对其地上植株进行采收，用于多糖提取，以提高穿龙薯蓣综合利用率。

8.穿龙薯蓣最佳采收时间的确定

二年生穿龙薯蓣根茎即可以积累较多的多糖，且与三年生相比，多糖含量差异不显著，根据穿龙薯蓣皂苷入药标准，如果从利用穿龙薯蓣多糖作为主要有效成分进行药理或其他用药资源，可以考虑采用二年生穿龙薯蓣入药。

三年生穿龙薯蓣根茎多糖在年生长期内变化较大，多糖含量不稳定，在7月2日，多糖含量出现第一个高峰，高达10.9%，然后出现下滑趋势。认为此时光合叶面积最大，光合产物积累较高，随着生殖生长期的到来，光合产物主要用于花果生长所需，多糖含量出现下降。9月30日达到最高值11.14%，是由于生长进入休眠期，光合产物转移到贮存器官——根茎之中，此时根茎中积累较多的淀粉类物质，折干率较高，所以9月末是三年生龙薯蓣根茎的最佳采收时期。这一结论与秦佳梅等对长白山区栽培的穿龙薯蓣产量及不同栽培年限根茎薯蓣皂苷元含量最佳采收时期的研究结论一致。

主要参考文献

［1］韩晓娟.穿龙薯蓣多糖提取工艺及药理活性研究［D］.东北师范大学硕士学位论文，2012.

［2］林海鸣，刘艳丽，孙晓飞，等.多糖的药理活性研究概况［J］.亚太传统医药，2008，4（2）：63-67.

［3］倪福太，庄妍.植物多糖研究进展［J］.牡丹江师范学院学报，2010（73）：34-36.

［4］娜日苏.天然植物多糖及复合多糖的研究进展［J］.赤峰学院学报，2009，25（1）：68-72.

［5］舒任庚，蒋跃平，蔡永红.植物多糖的提取分离方法探讨［J］.中国药房，2011，22（11）：1052-1055.

［6］陈伟，林新华，陈俊，等.库拉索芦荟多糖对小鼠腹腔巨噬细胞的体外激活作用［J］.中国药学杂志，2005，4（1）：34-37.

［7］Han SB，Park S，Leek. Polysaccharide isolated from the radix of Platycodon gradiflorm selectively activates Bcells and macrophages but not T cells［J］. International Immunopharmacology，2001（2）：1969-1978.

［8］甘璐，张声华.枸杞多糖的抗肿瘤活性和对免疫功能的影响［J］.营养学报，2003，25（2）：200-202.

［9］冯鹏，沈建，刘诚，等.灵芝孢子多糖增强免疫力的研究［J］.时珍国医国药，2007，18（4）：861-862.

［10］友田正司.生药中的生物活性多糖［J］.国外医学：中国中医分册，1991，13（3）：18.

［11］李松，吴青华，陈畅，等.多糖抗肿瘤活性的最新研究进展［J］.中国生化药物，2007，28（3）：213-215.

［12］马欢杰.多糖类抗肿瘤作用的研究进展［J］.海峡药学，2010，22（2）：102-104.

［13］吴笛笛.多糖的作用及其研究进展［J］.沈阳师范大学学报，

2008，26（2）：221–223.

［14］刘莉，梅其柄，刘保利，等.唐古特大黄多糖及其组分的抗氧化损伤作用［J］.第一军医大学学报，2001，17（1）：101–103.

［15］孙云，王德俊，祝瑾，等.肉苁蓉多糖对衰老小鼠肺蛋白含量与抗氧化功能关系的影响［J］.中国药理学报，2001，17（1）：101–103.

［16］王学宏.螺旋藻多糖抗氧化作用的实验研究［J］.青岛医学院学报，1999，35（4）：191–192.

［17］龚涛，王晓辉，赵靓，等.枸杞多糖抗氧化作用的研究［J］.生物技术，2010，20（1）：84–86.

［18］尚晓娅，任锦，曹刚，等.山药多糖的制备及其体外抗氧化活性［J］.化学研究，2010，21（2）：72–76.

［19］包怡红，秦蕾，王戈.沙棘叶多糖的提取工艺及抗氧化作用的研究［J］.食品工业科技，2010（1）：286—289.

［20］陈家童，张斌，白玉华，等.红藻多糖抗AIDS病毒作用的体外实验研究［J］.南开大学学报（自然科学版），1998，31（4）：21–25.

［21］盛建春，杨方美，胡秋辉.海藻多糖生物活性研究［J］.食品科学，2005，26（3）：262–264.

［22］黄皓，干信.天然多糖类活性物质抗乙肝病毒的研究进展［J］.中草药，2006，27（10）：1594–1596.

［23］孙世利，苗爱清，潘顺顺，等.茶多糖的降血糖作用机理研究进展［J］.茶叶通讯，2010，37（1）：34—36.

［24］赵元，张莲英，胡晓燕，等.1种新的天然α–葡萄糖苷酶抑制剂的分离纯化及其活性测定［J］.中国生化药物杂志，2007，28（1）：20–22.

［25］原泽知，程开明，黄文，等.海带多糖的提取工艺及降血脂活性研究［J］.中药材，2010，33（11）：1795–1798.

［26］周国华，于国萍.黑木耳多糖降血脂作用的研究［J］.现代食品科技，2004，21（1）：46–48.

［27］方一苇.具有药理活性多糖的研究现况［J］.分析化学，1994，22（9）：955–960.

［28］王淑如，王丁刚.茶叶多糖的抗凝血及抗血栓作用［J］.中草药，1992，23（5）：254–256.

［29］王春玲，张全斌.褐藻多糖硫酸酯抗凝血活性的研究［J］.中国海

洋药物，2005，24（5）：36-38.

　　［30］阚建全，王雅茜，陈宗道，等.甘薯活性多糖抗突变作用的体外实验研究［J］.中国粮油学报，2001，16（1）：23-27.

　　［31］董彩婷，杨青，肖元梅，等.芦荟多糖抗突变作用的试验研究［J］.华西医科大学学报，2002，33（3）：477-478.

　　［32］陈双厚，刘瑞华，吴广均.羧基化氨基多糖对5种胃溃疡模型的影响［J］.中药新药与临床药理，2002，13（3）：158-160.

　　［33］杨明，王晓娟，孙红，等.树舌多糖对大鼠醋酸性胃溃疡的保护作用［J］.中国药理学通报，2005，21（6）：767-768.

　　［34］曹晓林，刘莉，王志鹏，等.唐古特大黄多糖对大鼠应激性胃溃疡的保护作用［J］.中国临床药理学与治疗学，2004，9（10）：1115-1118.

　　［35］李立华，张国升.芦根多糖保肝作用及抗肝纤维化的研究［J］.安徽中医学院学报，2007，26（5）：32-34.

第四章

穿龙薯蓣化学成分分离及抗氧化实验研究

穿龙薯蓣中的皂苷类化合物及其水解产物薯蓣皂苷元具有多种生理药理活性，由于其独特的生物活性与物理化学性质，提高其有效成分的收率以及含量，并且降低提取成本与时间，成为人们的研究热点。除甾体皂苷类及其水解产物薯蓣皂苷元外，其他一些水溶性物质，如对-羟苄基酒石酸、水溶多糖 DBM 以及葡萄糖、鼠李糖、甾醇、氨基酸、蛋白质等，都具有一定的生理药理活性。随着现代科学与技术的发展，人们一直致力于寻找有效快速、低毒环保的提取分离技术与方法，为将中药制剂推向国际奠定基础。

第一节　穿龙薯蓣化学成分提取方法研究

　　长期以来，对薯蓣皂苷元提取采用加压酸水解–有机溶剂萃取法，即直接将植物加压酸水解其中的皂苷，然后用有机溶剂提取薯蓣皂苷元（Rothrock改进方法）。此后，为提高薯蓣皂苷得率，人们又采用不同方法进行提取。

一、酸水解法

　　利用皂苷易溶于极性溶剂、苷元易溶于非极性溶剂的方法，可以直接利用稀盐酸、稀硫酸的酸性水溶液来破坏穿龙薯蓣药材的细胞壁，裂解皂苷的糖苷键，然后再利用亲脂性的有机溶剂来萃取游离出来的薯蓣皂素。Rozanski用盐酸与二甲苯的混合体系对薯蓣皂苷元进行提取，此后该方法用于提取甾体生物碱。在酸水解过程中，常有副反应发生是值得注意的事情，如用盐酸水解可能发生羟基氯代，所以最好采用硫酸水解；此外，水解条件控制不好，容易导致薯蓣皂苷元脱水和差异构象化反应等。杨欢等在传统酸水解方法的基础上，以薯蓣皂苷元得率为指标，采用单因素法建立双相酸水解法的最佳工艺，即将甲醇、石油醚、水和浓盐酸按 60∶100∶19∶21 的比例与穿山龙药材颗粒混合，于反应釜中加热回流反应 6 h，过滤，将水相反应得到的薯蓣皂苷元直接萃取到石油醚层中，重相采用石油醚进行多次液–液萃取，直至萃取完全，得到的薯蓣皂素含量更高。都述虎等以穿山龙薯蓣皂苷元的得率为指标，利用正交试验筛选优化穿山龙薯蓣总皂苷的水解条件为各加2%硫酸和石油醚（60～90℃）100 mL，回流 4 h，可明显提高薯蓣皂苷元的得率最高，并且得出在影响水解的主次因素为硫酸浓度、硫酸用量、回流时间和与水不相溶的溶剂用量。王俊等采用浓度为 1.5 mol/L 浓硫酸的异丙醇（75%）水溶液，在沸水反应釜中加热回流反应 4.5 h的水解原位萃取法提取薯蓣皂苷元的得率最高。并且，该工艺成本较低，实用性、重现性均较好。

二、酶解辅助法与发酵法

　　薯蓣皂苷元的传统方法是酸水解法，该方法操作简便，但收率不高。

但由于中药材化学成分提取过程中，常会有淀粉，蛋白质，果胶等杂质，对其有效成分的提取有不同程度的影响，微生物转化法是改造、修饰化合物结构的一种重要方法，其在转化过程中产生的酶通常具有一定的专一性和特异性，可以利用相应的酶特异性地将不同性质的杂质去除，从而提高有效成分的提取效率。穿龙薯蓣药材饮片中存在的大量淀粉、纤维素以及薯蓣皂苷糖支链的位阻，其中薯蓣皂苷元通过糖基与纤维素结合而存在于细胞壁中，由于细胞壁比较坚韧，很难将薯蓣皂苷元从植物原料中彻底分离提取出来，在一定程度上降低薯蓣皂苷元的提取效率。金凤燮等利用可以水解薯蓣类皂苷糖基的酶，将酶、薯蓣类皂苷及混合液反应 4～40 h，反应温度 4～75℃、pH 3～9，提取得到了药效高并且溶血性低的低糖基的次生薯蓣皂苷与次生薯蓣皂苷元。王元兰等以薯蓣皂苷元的提取率为标准，研究发酵时间、水解时间、回流速度及 pH 薯蓣皂苷元提取率的影响，并在此基础上对提取工艺进行优化，结果表明，对原材料进行预发酵 48 h，水解反应 4 h，回流速度为 25 min/次，pH 接近至中性时，薯蓣皂苷元的提取率最高，为 3.36%。此外，有研究表明，木霉和米曲霉均能将薯蓣类皂苷水解成皂苷元，并且无须酸解过程，可以直接转化盾叶薯蓣水解得到薯蓣皂苷元。与微波提取法和酸水解法所得甾体化合物摩尔数相比，可分别提高 1.73 和 1.47 倍。微生物直接转化法虽成本低廉，并利于有效成分的溶出，但消耗时间过长，反应条件不易被控制，因此在实际应用中还需对其工艺进行进一步优化。

三、传统有机溶剂提取法

主要是利用甲醇、乙醇、石油醚和氯仿等有机溶剂以及某些混合溶剂提取穿龙薯蓣有效成分的一种方法，其中加热回流法过程简单可靠，生产成本偏低，但消耗有机溶剂多，提取时间长，并且提取率普遍偏低。索氏提取法主要是通过利用索氏提取器以及溶液回流、虹吸的原理，使穿龙薯蓣中有效成分连续不断地被纯溶剂萃取的另一种传统的提取方法。与加热回流法相比，能够节约一些溶剂，提高萃取效率。刘锡葵等将有机溶剂萃取法与连续回流法综合利用，不但缩短提取时间和节约有机溶剂用量，而且与单纯的回流、萃取相比，薯蓣皂素的提取率有明显的提高。

四、超声提取法

超声波提取法主要利用超声波的空化作用、热效应以及次级效应来使药材有效成分迅速溶出、扩散，从而达到增加有效成分进入溶剂的速率与含量。与其他提取方法相比，具有提取时间短，低温、不加热，不破坏中药材的有效活性成分，环保、操作简便等优点，一直是人们研究中药材提取的一种有效手段。王昌利等对比研究超声波提取技术与传统回流技术对穿龙薯蓣中薯蓣皂苷提取的影响，结果表明，超声波提取得到的薯蓣皂苷的浸出率分别为 0.0274 g/g，而传统回流得到薯蓣皂苷的浸出率为 0.0215 g/g，超声提取技术除提高薯蓣皂苷提取率外，还可以节约 27% 的中药材。张黎明等以皂苷元得率为标准，运用超声波提取技术对穿龙薯蓣中的薯蓣总皂苷进行裂解，优化得出裂解穿山龙薯蓣总皂苷的最佳条件为在 800 W 功率下超声处理穿山龙总皂苷 2 h，以 75% 乙醇为溶剂，可使薯蓣皂苷元得率达到 1.90%。

五、大孔吸附树脂分离技术

随着对中药材分离技术的不断研究，研究者以穿龙薯蓣中总皂苷以及薯蓣皂苷的含量得率为指标，用大孔吸附树脂技术对其提取物进行分离纯化，即首先用纯水通过大孔吸附树脂（D-101 型）除去穿龙薯蓣提取物中的杂质，然后用有机溶剂（65% 乙醇溶液）对穿山龙提取物进行分离纯化，最后经减压干燥后，分离转移出总皂苷以及薯蓣皂苷分别为 84.8% 和 84.2%。袁毅等采用大孔吸附树脂分离纯化后得到穿山龙水溶性皂苷；同时将所剩滤渣用浓度为 75% 的乙醇溶液进行收集，经回流、洗涤和减压干燥后得水不溶性皂苷；所得到水溶性皂苷和水不溶性皂苷的提取率分别为 0.33% 和 1.02%，最后将醇处理后的残渣经碱化、漂白和酸化后，可以制备出微晶纤维素和纯淀粉。研究表明，这种技术不仅可以选择性地吸附穿山龙药材中的有效成分，而且可以有效去除无效成分的杂质，如蛋白质、淀粉等，能达到较高的纯化效果。同时研究表明，这种分离方法工艺稳定，节省溶剂，操作简单，尤其在中药材有效成分的分离、纯化以及精制等方面具有显著作用。

六、超临界流体萃取技术

超临界流体萃取技术，简称 SFE（supercritical fluid extraction）是近几十年来发展起来的一种新型的分离提取技术。在较低温度下，不断增加气体的压力时，气体会转化成液体，当压力增高时，液体的体积增大，对于某一特定的物质而言总存在一个临界温度（Tc）和临界压力（Pc），高于临界温度和临界压力，物质不会成为液体或气体，这一点就是临界点。在临界点以上的范围内，物质状态处于气体和液体之间，这个范围之内的流体成为超临界流体（SF）。超临界流体具有类似气体的较强穿透力和类似于液体的较大密度和溶解度，具有良好的溶剂特性，可作为溶剂进行萃取、分离单体。在中药材有效成分分离上，利用温度和压力均高于其临界温度和临界压力的流体溶剂来代替常规有机溶剂来达到萃取和分离药材中的有效成分的目的。可作为 SF 的物质很多，如二氧化碳、一氧化亚氮、六氟化硫、乙烷、庚烷和氨等，由于 CO_2，具有无毒，价廉，高效，安全等优点，常被用作超临界流体主要流体。王俊等利用超临界 CO_2 流体萃取技术对穿山龙中的薯蓣皂苷元进行分离提取，结果表明，在萃取压力为 35 MPa，萃取温度为 45℃，夹带剂为 95% 乙醇且含量为 3% 的条件下对穿山龙超临界萃取 3 h，所得薯蓣皂苷元的含量达到 3.11%，相对于传统提取方法具有较大的提高。王凤芝等亦采用超临界 CO_2 技术萃取穿山龙中的薯蓣皂苷元，薯蓣皂苷元的提取率为 1.23%，对比常规有机溶剂提取方法，其提取率提高了将近一倍，并且大大地缩短了提取时间。

七、加压溶剂提取法

相对于传统提取方法来讲，加压溶剂提取技术作为一种近年来新发展起来的提取分离技术，由于加压溶剂提取法具有很多优点。比如，提取时间较传统提取方法短，有效成分提取效率及纯度高，杂质含量少，操作过程自动化，节约溶剂资源，对环境友好等，被广泛地应用到医药食品，环境科学等领域。朱宪等利用加压溶剂技术，在260℃提取温度、25 MPa提取压力下，反应10 min，从黄姜中的薯蓣皂苷水解反应得到薯蓣皂苷元得率为 1.46%。与传统酸水解法相比，虽然其提取率（1.78%）低，但却克服了有机溶剂消耗量大，污染环境，消耗时间长等缺点。杨磊等以三氯甲烷、1，2-二氯乙烷为提取溶剂，在加压釜中对卫矛科植物雷公藤中的皂苷进行了提取。结果发现，当料液比为 1∶9.5，提取温度为 115℃，提取时间 80 min 时，雷公多苷的浸膏得率可达到 0.21%，并且所得多苷的纯度达到 0.52%，证明利用加压溶剂提取法非常有效。

第二节　穿龙薯蓣抗氧化作用方法研究

人们在评价化合物抗氧化活性的过程中，发展了许多的体外抗氧化评价方法。比如：自由基清除活性、过氧化氢清除活性、过氧亚硝基清除活性、总抗氧化活性、总还原力、金属螯合能力、氧自由基吸收能力、硫氰酸铁法、硫代巴比妥酸法和胡萝卜素亚油酸法等。这些方法操作简便、反应终点明显易到达、仪器成本低、易重复及能够高通量筛选，已经在食品科学、农业、植物学和药理学等方面广泛使用。钱明赛利用体外抗氧化实验，筛选了11种水果，最终发现草莓具有最高的抗氧化活性，然后是李果和柳橙。张立新利用体外抗氧化活性筛选了21种蔬菜的抗氧化能力，发现西红柿、尖椒和苔菜具有较强的抗氧化活性。

近年来很多研究表明，中药的功效与其抗氧化作用有密切的关系，很多中药提取物或从中分离得到的单体化合物可通过调节和增强机体特异性及非特异性免疫功能，抑制自由基的产生，或直接对抗氧化应激对细胞及组织的损伤作用。已经有部分学者利用体外抗氧化实验来评价中药的抗氧化活性，并已经证实了中药中的酚类、黄酮、生物碱、多糖和皂苷等有效成分都具有很好的抗氧化活性。

但是，中药化学成分非常复杂，抗氧化活性组分众多，单一的抗氧化方法不足以全面的反应中药的抗氧化能力，所以需要运用多种不同机理的抗氧评价方法同时测定，综合评估。本课题的研究目的就是基于不同的抗氧化原理，建立一种简便的体外抗氧化评价体系，快速的评价中药的抗氧化活性，并将该体系与其他方法技术相结合，拓展其在中药领域中的运用。

一、材料与仪器

（一）实验材料

根据第二部分实验研究，穿龙薯蓣（三年生）于 2015 年 7 月采自于吉林省通化市，由通化师范学院生命科学学院秦佳梅教授鉴定为 Dioscorea nipponica Makino 的干燥根茎，野生斑马鱼由通化师范学院代谢与衰老实验室提供。

（二）主要实验仪器及药品

TS-NS-50多功能提取浓缩机组（上海顺义实验设备有限公司）；实时定量PCR仪器（罗氏Light Cycler 4800II）；全自动三维多功能变焦显微成像系统（尼康AZ-100）；酶标仪（上海巴玖SAF-680T）；高效液相色谱仪（Bruker AM-400）；旋转蒸发仪（W-201B）；TP600型PCR扩增仪，日本TaKaRa公司；Trizol和RT-PCR试剂盒，大连宝生物有限公司；正丁醇、石油醚、乙酸乙酯等常规化学药品购自沈阳市东陵区红日化工厂；DPPH（SIGMA）；引物由基因公司合成。

二、实验方法

（一）穿龙薯蓣天然化学成分提取

1.穿龙薯蓣根茎去土、去栓皮和须根系，晾晒。用中药材粉碎机（Q-500B2）粉碎，过100目筛，装袋备用。

2.取穿龙薯蓣根茎粉末100 g，用无水乙醇在索氏脂肪抽提器中回流除脂2 h，干燥。加30倍60%乙醇在60℃条件下分别浸提2、1.5和1 h，静置冷却，过滤，得到乙醇提取浸膏。穿龙薯蓣有效化学成分主要为多糖、皂苷等，通过索氏脂肪抽提，可以减少脂类等物质对实验检测的干扰。

3.将乙醇提取浸提膏混悬于400 ml蒸馏水中，分别取100 ml与等体积的石油醚、乙酸乙酯、水饱和正丁醇萃取3次，合并提取液。

4.将所得到的石油醚层、乙酸乙酯部分、正丁醇层和水溶层真空干燥，分别得到石油醚部分、乙酸乙酯部分、正丁醇部分和水溶部分的穿龙薯蓣提取物。通过此方法可以将穿龙薯蓣水溶部分组分及有机溶剂溶解部分成分提取出来，最大程度上保障提取穿龙薯蓣有效成分的最大覆盖性。

5.制备2.5、5、7.5、10和12.5 mg/ml的穿龙薯蓣石油醚层、乙酸乙酯层和正丁醇层溶液，用于体外抗氧化实验检测。

（二）各组分体外抗氧化试验研究

1. 穿龙薯蓣不同组分DPPH自由基清除能力的测定，按参考文献，具体步骤如下。

（1）分别取0、2.2、4.4、6.6、8.8和11.0 μL穿龙薯蓣石油醚层、乙酸乙酯层、正丁醇层和水溶层组分，配制0、2.5、5、7.5、10和12.5 mg/ml各组分溶液，待用。

（2）向2.5 mL DPPH乙醇溶液（0.1 mmol/L，以95%乙醇配置）中加入0.5 mL样液，振荡混匀，避光放置（30min，室温），立即于517 nm处测定吸光度A1；

（3）用2.5 mL95%乙醇溶液代替A1组2.5 mL DPPH乙醇溶液，测定吸光度A2；

（4）用0.5 mL蒸馏水代替A1组0.5 mL样液，测定吸光度A0.

（5）DPPH自由基清除能力计算：

$$E(DPPH \cdot)(\%) = [1 - \frac{(A_1 - A_2)}{A_0}] \times 100\%$$

式中：A1为样液与DPPH溶液混匀的吸光度；A2为样液与乙醇溶液混匀的吸光度；A0为蒸馏水与DPPH溶液混匀的吸光度

2. 穿龙薯蓣不同组分超氧自由基清除率（$O_2^{-} \cdot$）的测定，具体步骤如下。

（1）分别取0、2.2、4.4、6.6、8.8和11.0 μL穿龙薯蓣石油醚层、乙酸乙酯层、正丁醇层和水溶层组分，配制0mg/ml、2.5、5、7.5、10和12.5 mg/ml各组分溶液，待用。

（2）向4.5 mL Tris-HCl（0.05 mol/L，25℃预热）中加入50 μL样液，然后加入25 μL邻苯三酚（、（45 mmol/L，以0.01 mol/L 盐酸配制），25℃准确反应3min，迅速滴加50 μL 10%抗坏血酸，立即于332 nm波长处测定吸光度A1。

（3）向4.5 mLTris-HCl（0.05 mol/L，25℃预热）中加入50 μL样液，3分钟后滴加50 μL 10%抗坏血酸，立即于332 nm波长处测定吸光度A2（即不加邻苯三酚）。

（4）用50 μL蒸馏水代替A1组50 μL样液，测定吸光度A0。

（3）$O_2^{-} \cdot$清除率计算：

$$O_2^{-} \cdot = \frac{A_0 - A_1 + A_2}{A_0} \times 100\%$$

式中：A1为样液跟邻苯三酚反应后的吸光度；A2为样液本身的吸光度；A0为邻苯三酚自氧化的吸光度。

3. 穿龙薯蓣不同组分羟自由基清除能力的测定，参照王媛媛等方法，具体步骤如下。

（1）分别取0、2.2、4.4、6.6、8.8和11.0 μL穿龙薯蓣石油醚层、乙酸乙酯层、正丁醇层和水溶层组分，配制0、2.5、5、7.5、10和12.5 mg/ml各组分溶液，待用。

（2）取2 mL样液，依次加入2 mL FeSO$_4$（6mmol/L）、2 mL水杨酸（6 mmol/L），混匀静置10 min后，加入2 mL H$_2$O$_2$（6mmol/L），混匀，静置30min，于波长510 nm处测定吸光度A1。

③用蒸馏水代替A1组2 mL H$_2$O$_2$（6 mmol/L），测定吸光度A2。

④用蒸馏水代替A1组2 mL样液，测定吸光度A0。

⑤·OH自由基的清除率的计算：

$$E(\cdot OH)(\%) = [1 - \frac{(A_1 - A_2)}{A_0}] \times 100\%$$

式中：A1为样液与水杨酸竞争·OH清除的吸光度；A2为样液对·OH清除的吸光度；A0为水杨酸对·OH清除的吸光度

（三）HPLC–ABTS$^+$检测抗氧化活性

利用 HPLC–ABTS$^+$ 在线筛选体系对穿龙薯蓣的抗氧化活性成分进行了筛选和分析检测，在线 HPLC–ABTS 筛选和检测抗氧化活性成分的方法是将具有高效分离功能的高效液相色谱法和检测清除自由基的 ABTS$^+$ 试剂检测器链接后在高效液相色谱仪分离组分的同时检测和筛选具有抗氧化活性的成分。

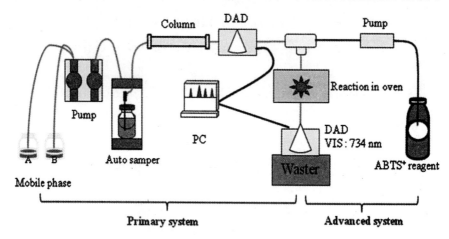

HPLC–ABTS 在线筛选体系模式图

系统包括安捷伦 1200 高效液相色谱系统 (primary system) 和装有连接泵的 ABTS 自由基试剂供应以及测定系统 (advanced system)。ABTS自由基试剂配制采用2 mL的ABTS 保存溶液和 3.5 mL 的硫酸钾混合，用8倍体积的色谱级纯水稀释，室温避光过夜后加入系统容器中。色谱分析柱为Alltech C18 色谱柱(250 × 4.5mmi.d，5 μm particle size)，杜香提取物用甲醇溶解，进样量为10 μL，移动相为乙腈和0.1%的trifluoroacetic acid (TFA) 水溶液，流量为1 mL/min， 移动相程序设定为 28 min 内乙腈由 15%增加至 40%，然后在 33 min 内乙腈增加至 90%，ABTS⁺工作液提供量为0.5 mL/min。柱温为 25℃，检测分离组分的色谱波长定为 330 nm，为正峰值，检测ABTS 自由基波长为 734 nm，为负峰值。数据分析采用 ChemStation 分析软件(安捷伦)。

色谱条件

Time (min)	0.05% FA in water (%)	ACN (%)	Flow（ml/min）
0	95	5	1
30	50	50	1
35	0	100	1
40	0	100	1
40.1	95	5	1
45	95	5	1

（四）穿龙薯蓣乙酸乙酯层体内抗氧化实验研究

依据穿龙薯蓣不同有机溶剂提取物的体外抗氧化及HPLC-ABTS⁺筛选实验结果，选取穿龙薯蓣乙酸乙酯低浓度组（CK）、中浓度组（7.5 mg/ml）及高浓度组（12.5 mg/ml）处理斑马鱼胚胎细胞，具体方法见参考文献，主要步骤如下：

1.斑马鱼胚胎细胞药物处理

取孵育8 h 发育正常的野生型斑马鱼幼胚置于24 微孔板中，每孔 15 个幼胚，分别设乙酸乙酯低浓度组、中浓度组和高浓度组，每组设3复孔。每天更换1次培养液，连续培养3 d，观察斑马鱼存活率和畸形率，并收集发育正常的斑马鱼进行基因表达分析。

2.样品RNA提取及相关基因表达分析

取 3 d 的样品，PBS洗1次，然后彻底去除PBS，放入液氮中处理 5 min，Trizol法提取总RNA，取2μg总RNA为模板反转录成cDNA。取 2μL反转录产物以 β−actin为内参照进行PCR扩增。PCR 产物经1.5%琼脂糖凝胶电泳观察结果、照相，用凝胶分析图像系统进行结果分析，分别计算各实验组条带的光密度与相对的 β−actin条带光密度的比值。本实验所用引物序列为：TERT基因引物:sense:5'GTGTGTGTG

TCCTGGGTAAA3', anti-sense:5' CAGCCTGAGGTCTAAGAAGATG3';
p53 基因引物:sense: 5'GATAGCCTAGTGCGAGCACACTCTT3', anti-sense:5' AGCTGCATGGGGGGGAT3'；mdm2 基因引物:sense:5'GACTACTGGAAGTGTCCCAAAT3', anti-sense:5'GTCCACTCCATCATCTGTTTCT3', p21基因引物:sense:5'CGGAATAAACGGTGTCGTCT3', anti-sense:5'CGCAAACAGACCAACATCAC3'; β-actin基因引物:sense:5'CCCAGACATCAGGGAGTGAT3', anti-sense:5'TCTCTGTTGGCTTTGGGATT3'。

3. 斑马鱼存活率和畸形率的测定

穿龙薯蓣乙酸乙酯层不同浓度处理斑马鱼幼胚培养期间，每天计数存活和畸形的斑马鱼，计算培养 3 d 后斑马鱼的存活率和畸形率（以斑马鱼生长形态弯曲判断为畸形发育）。斑马鱼存活率（%）=（存活斑马鱼数/处理斑马鱼总数）×100%；斑马鱼畸形率（%))=（发育畸形斑马鱼数/处理斑马鱼总数）×100%。

三、实验结果

（一）穿龙薯蓣不同有机溶剂层对DPPH自由基清除率的影响

DPPH 自由基是一个以氮原子为中心，结构中含有三个苯环的稳定物质，并且在517 nm处具有最大吸收。当含有供氢能力的抗氧化剂靠近时，易与DPPH自由基中氮原子上的电子结合成电子对，从而破坏 DPPH 自由基的稳定性，使其紫外吸收能力减弱。因此，可以通过吸光值的变化来检测其抗氧化能力的大小。

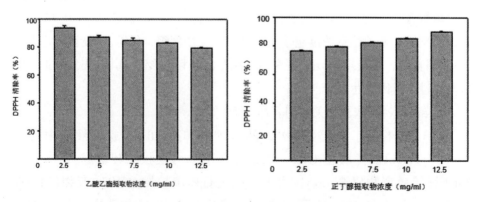

图1 穿龙薯蓣正丁醇及乙酸乙酯层不同浓度对DPPH清除率的影响

在本试验条件下，穿龙薯蓣正丁醇层、乙酸乙酯层提取物对DPPH有一定的清除作用（图1），并且随着正丁醇层浓度的增加，DPPH清除率增强，同等浓度下，12.5 mg/ml穿龙薯蓣正丁醇层对DPPH清除率最高，达到89.95%。在2.5～5.0 mg/ml处理间对DPPH清除率差异显著（$P<0.05$）；乙酸乙酯层对DPPH清除率则随浓度的增加而减少。乙酸乙酯层在2.5 mg/ml时DPPH清除率最高，为93.38%，但在各处理浓度间差异不显著。穿龙薯蓣石油醚提取物则未检测到对DPPH清除活性。

（二）穿龙薯蓣不同有机溶剂层对超氧阴离子自由基清除率的影响

生物体内的氧化还原反应中，大约有2%～5%会产生O_2^-，O_2^-是使机体发生氧中毒的主要原因，表现在使多糖解聚、核酸链断裂和不饱和脂肪酸过氧化等作用，进而造成酶系失灵、膜损伤、遗传突变和线粒体氧化等一系列变化。穿龙薯蓣正丁醇和乙酸乙酯层对O_2^-清除率见图2，在一定浓度范围内，随着浓度的升高，对O_2^-清除率不断上升，并在12.5 mg/ml时，清除率达到最高，为92.91%，其中，2.5和10 mg/ml穿龙薯蓣正丁醇提取物对O_2^-清除率达到极显著水平($P<0.01$)；乙酸乙酯层在2.5～5mg/ml处理间O_2^-清除率达到显著水平（$P<0.05$）。由于石油醚层对超氧阴离子清除活性极低，在此没有做数据统计。

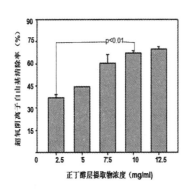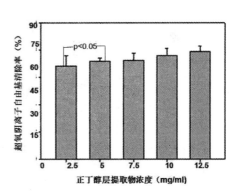

图2　穿龙薯蓣正丁醇和乙酸乙酯层不同浓度对超氧阴离子自由基清除率的影响

（三）穿龙薯蓣不同有机溶剂层对羟自由基（OH⁻）清除率的影响

羟自由基（·OH⁻）被公认是生物系统中最具有活性的活性氧化物种，能够导致体内DNA、蛋白质和脂肪氧化损伤。对生物体而言，·OH⁻被认为是最活泼、毒性最强、危害最大的自由基，它能与活细胞中的任何分子发生反应，且反应速度极快，引起体内自由基链反应，较大范围内造成生物体的损害。在 Fenton 反应体系中，·OH 主要是由过氧化氢与 Fe^{2+} 发生反应后产生，若同时加入水杨酸捕捉剂，则会产生有吸光性的有色物质。在穿龙薯蓣层的还原反应体系中，提取物中的氧化活性物质能与水杨酸竞争充当捕捉剂，从而降低有色产物的生成，因而可以通过测定反应体系吸光度的变化来判断还原能力的大小。

由图3可知，穿龙薯蓣正丁醇及乙酸乙酯层具有较好的清除–OH的能力。并且在2.5～12.5 mg/ml浓度范围内，对–OH清除能力随提取物浓度的增加而增大，呈现出一定的剂量效应。石油醚层对羟自由基清除率较低，且处理间几乎无差别，数据未列出。

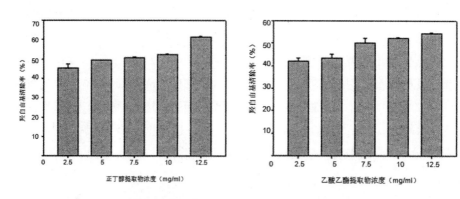

图2 穿龙薯蓣正丁醇和乙酸乙酯层对羟自由基清除率的影响

3.4穿龙薯蓣抗氧化活性HPLC–ABT⁺在线检测

利用HPLC–ABTS⁺层提取物进行抗氧化活性分析，该系统是将高效液相色谱与检测自由基清除系统的ABTS⁺·试剂检测器连接，由HPLC系统对样品的各组分进行检测，检测分离组分的检测值为正峰值；HPLC分离的组分进入反应池中抗氧化活性组分将ABTS⁺·还原后出负峰值；分析结果如图4中色谱图所示，在乙酸乙酯层中发现了大量抗氧化活性组分，提取物的多个分离组分正峰值相对应的ABTS⁺检测部

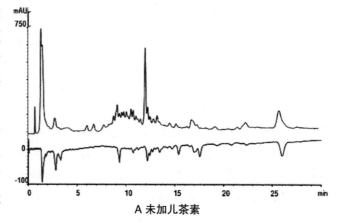

A 未加儿茶素

分均观察到负峰值。

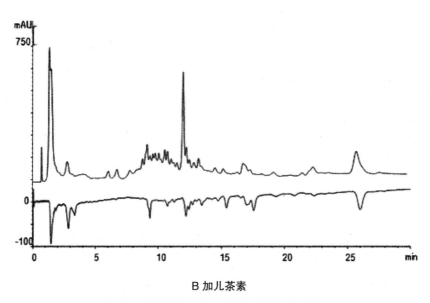

B 加儿茶素

图4 穿龙薯蓣乙酸乙酯层在线抗氧化分析

（五）穿龙薯蓣乙酸乙酯提取物对斑马鱼胚胎细胞生长发育的影响

综合体外抗氧化实验及HPLC–ABT[+]检测结果，分别采用穿龙薯蓣乙酸乙酯层低浓度组、中浓度组、高浓度组处理发育8h斑马鱼胚胎细胞，并在给药处理24 h后，统计各处理对斑马鱼存活率和畸形率的影响，结果见图6。分析结果表明，中浓度药物处理对斑马鱼的发育影响不大，但高浓度组各处理使斑马鱼的生存受到影响，死亡率较高，与中浓度组处理比较，达显著水平。此外，高浓度药物处理除引起斑马鱼高的致死率外，斑马鱼畸形率也明显增加，与中浓度组处理比较，达显著水平，这也许是导致斑马鱼致死的主要原因。

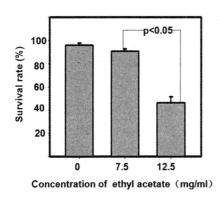

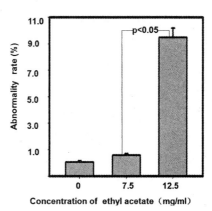

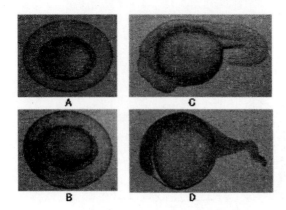

图5 穿龙薯蓣乙酸乙酯层不同浓度对斑马鱼生长及发育的影响

（A、C、为12h和24h未处理斑马鱼胚脂细胞。B、D12.5mg/ml穿龙薯蓣乙酸乙酯有机物处理12h和24h斑马鱼胚胎细胞）

（六）穿龙薯蓣正丁醇及乙酸乙酯层对斑马鱼衰老相关基因表达的影响

p53-p21是一条重要而衰老相关的信号通路，p21在转录水平由p53活化，主要介导端粒依赖和各种应激条件如DNA损伤等引起的衰老。本研究结果表明，穿龙薯蓣正丁醇及乙酸乙酯层处理可以使斑马鱼胚胎细胞p53、p21基因表达降低，mdm2基因表达无明显变化，而激活端粒酶tert基因表达明显增加（图6）。

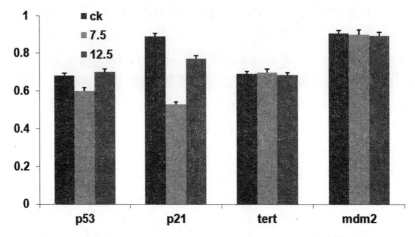

图6 穿龙薯蓣乙酸乙酯层不同浓度对斑马鱼衰老相关基因表达的影响

三、结果与讨论

人体衰老的主要原因是随着年龄的增长，清除体内自由基的能力下降，而自由基已经成为引起人体85%的各种疾病的根源。研究表明，活性氧自由基可通过氧化还原反应损害体蛋白质、DNA等生物大分子，导致蛋白质变性、交联，酶活性丧失，基因突变等，进而导致免疫功能下降、也脑血管疾病、肝损伤和癌症等。因此，额外摄入抗氧化剂对于清除这些自由基来说就成为必然的途径。寻找成本低廉又适合于人体的抗氧化剂一直的科学界研究的热点，相比于人工合成的抗氧化剂，天然抗氧化剂更具有广泛的开发和利用前景。

体外抗氧化是抗氧化物质评价的重要方法，传统的植物天然抗氧化活性成分的筛选通常是：采用提取、分离、鉴定各种成分后，再分别对各成分进行抗氧化活性测定，HPLC-ABTS$^+$·方法是利用具有高效分离功能的高效液相色谱法分离化合物的同时在线与ABTS$^+$·试剂反应，使得高效液相色谱仪分离检测的组分同时可确定其是否具有抗氧化活性，确保在分离中可有目的的选择组分进行分离纯化和结构鉴定，可提高抗氧化活性成分的筛选效率。鉴于在线筛选抗氧化活性物质的高效性和准确性，近来国内也有部分研究者开始利用其原理进行天然抗氧化活性成分的筛选研究，包括耿雪飞、裴世春等利用HPLC-ABTS$^+$·筛选体系在细叶杜香茎部筛选到秦皮素等抗氧化活性物质，王小淞等利用HPLC-DPPH在线筛选法从黄芩中筛选到黄芩素等5种抗氧化活性成分。

高等生物基本都是由单细胞受精卵发育而来，很多学者认为生命在胚胎期对外源化学物质最为敏感，所以对其研究还有很好的监测意义。由于斑马鱼体外受精，体外发育且胚体透明，可在显微镜下直接观察其生长发育情况。p53基因除了作为肿瘤抑制基因外，还有多种重要的功能，包括细胞凋亡和细胞衰老等。在受到DNA损伤、缺氧和辐射等应激信号时，p53会发挥其转录激活功能，调控一系列靶基因的转录表达，进而引起DNA损伤修复、细胞周期阻滞和细胞凋亡等应激反应。p21在转录水平上由p53活化，主要介导端粒依赖和各种应急条件如DNA损伤等引起的衰老。mdm2是目前已知的细胞内最重要p53负性调控因子，mdm2含有一个p53基因结合位点，与p53结合形成复合物，抑制p53的转录活性。mdm2表达过强则封闭p53介导的反式激活作用，使p53功能丧失，导致基因的不稳定和细胞增生。DNA损伤时，导致mdm2失活和p53水平升高。

本实验分别以石油醚、正丁醇和乙酸乙酯为溶剂，对穿龙薯蓣有效成分进行提取，并对各层进行体外抗氧化实验，结果表明，正丁醇提取物和乙酸乙酯提取物对DPPH，·OH，O_2^-清除率较高，且存在剂量正相关关系，基于HPLC-ABTS$^+$·体系从穿龙薯蓣乙酸乙酯提取物中筛选到多种抗氧化活性成分；体内抗氧化实验结果表明，穿龙薯蓣乙酸乙酯层物对斑马鱼胚胎细胞表现出较好的抗氧化作用。综上分析可知，穿龙薯蓣乙酸乙酯层有一定的清除自由基的体外抗氧化活性，并且这种作用可能通过p53信号转导通路介导的。因此，可以对这部分提取物进行进一步分离，以期获得单体化合物并进行化学结构鉴定，为进一步研究开发穿龙薯蓣天然抗氧化药物提供实验依据。

主要参考文献

［1］Rothrock JW，Hammes PA，Mcalleer WJ. Isolation of diosgenin by acid hydrolysis of sapogenin. Ind Eng Chem，1957，49：186.

［2］RozanskiA. A simplified method of extraction of diosgenin from Dioscorea tubers and its determination by gas-liquid chromatography. Analys，1972，97（161）：968.

［3］杨欢，杨克迪，陈均.双相酸水解法提取薯蓣皂苷元的研究［J］.中国现代应用药学，2005，22（4）：270-272.

［4］都述虎，夏重道，付铁军，等.穿龙薯蓣总皂苷水解条件的优化［J］.中成药，2000，22（9）：608-610.

［5］王俊，陈均，杨克迪，等.水解原位萃取薯蓣皂苷元的工艺条件研究［J］.中国中药杂志，2003，28（10）：934-937.

［6］王新军，韩菊，魏福祥.薯蓣皂苷元提取方法的研究进展［J］.河北工业科技，2006，23（5）：317-320.

［7］陈四发，黄利群，赵书申.薯蓣皂苷配基含量的酶分析方法［J］.湖北化工，1997，（2）：61-62.

［8］金凤燮，鱼红闪，马白平.酶法水解薯蓣类皂苷糖基制备低糖基薯蓣皂苷的方法［P］.中国专利：03133638.8，2004-03-24.

［9］王元兰，李水芳，杨志.盾叶薯蓣皂苷元提取工艺研究［J］.经济林研究，2002，20（2）：67-68.

［10］董悦生，齐珊珊，刘琳.米曲霉直接转化盾叶薯蓣生产薯蓣皂苷元［J］.过程工程学报，2009，9（5）：993-998.

［11］陈俊英.薯预皂素提取新工艺及相关基础研究［D］.河南：郑州大学，2007：23-24.

［12］刘锡葵，吕春朝，杨崇仁.萃提技术在皂素生产中的应用［J］.化学研究与应用，1999，11（5）：582-583.

［13］王昌利，张振光，杨景亮，等.超声提高薯蓣皂素得率的实验研究

［J］.中成药，1994，16（4）：7-8.

［14］张黎明，徐玮.超声波辅助薯蓣总皂苷苷键裂解工艺研究［J］.天然产物研究与开发，2007，19：286-289.

［15］刘斌，高学文，刁兴彬.穿山龙提取物的纯化工艺研究［J］.中国现代中药，2014，16（7）：569-573.

［16］袁毅，张黎明，王亮亮，等.穿龙薯蓣皂苷的提取及其副产物的分离［J］.天津科技大学学报，2007，22（3）：1-5.

［17］王俊，杨克迪，陈均.超临界 CO_2 萃取穿山龙中薯蓣皂苷元的研究［J］.中国药学杂志，2003，38（8）：580-583.

［18］王凤芝，荆洪英，孙姝岩.正交试验法优选薯蓣皂苷元萃取条件研究［J］.中国野生植物资源，2010，29（6）：637-639.

［19］朱宪，朱宁，王振武，等.近临界水中薯蓣皂苷的水解反应［J］.化学反应工程与工艺，2006，22（6）：502-506.

［20］杨磊，李彤，祖元刚.加压溶剂法提取雷公藤多苷及其条件优化［J］.中国中药杂志，2010，35（1）：44-48.

［21］Aix, E., Gutierrez-Gutierrez, O., Sanchez-Ferrer, C., Aguado, T., and Flores, I. Postnatal telomere dysfunction induces cardiomyocyte cell-cycle arrest through p21 activation.［J］.Cell Biol, 2016, 213：571-583.

［22］Ben-Porath, I., and Weinberg, R.A. When cells get stressed: an integrative view of cellular senescence. J Clin Invest, 2004, 113：8-13.

［23］Brown, M.A., Potroz, M.G., Teh, S.W., and Cho, N.J. Natural Products for the Treatment of Chlamydiaceae Infections.［J］.Microorganisms, 4.2016, 4.

［24］Cheng, J.H., Tsai, C.L., Lien, Y.Y., Lee, M.S., and Sheu, S.C. (2016). High molecular weight of polysaccharides from Hericium erinaceus against amyloid beta-induced neurotoxicity.［J］.BMC Complement Altern Med, 2016, 16, 170.

［25］Concetti, F., Lucarini, N., Carpi, F.M., Di Pietro, F., Dato, S., Capitani, M., Nabissi, M., Santoni, G., Mignini, F., Passarino, G., et al. (2013). The functional VNTR MNS16A of the TERT gene is associated with human longevity in a population of Central Italy.［J］.Exp Gerontol , 2013, 48, 587-592.

［26］Galant, L.S., Braga, M.M., de Souza, D., de Bem, A.F.,

Sancineto, L., Santi, C., and da Rocha, J.B.T. Induction of reactive oxygen species by diphenyl diselenide is preceded by changes in cell morphology and permeability in Saccharomyces cerevisiae. [J]. Free Radic Res, 2016, 51：657-668.

[27] Geng, X.F., Zheng, Y.J., Zhao, M., and B.H., U. Screening of antioxidant components by HPLC-ABTS system in Ledum palustre L. [J].Chemical Engineer, 2011, 193：70-73.

[28] He, L., Chen, Y., Feng, J., Sun, W., Li, S., Ou, M., and Tang, L. Cellular senescence regulated by SWI/SNF complex subunits through p53/p21 and p16/pRB pathway. [J].Int J Biochem Cell Biol, 2017, 90：29-37.

[29] Herrera, M., and Jagadeeswaran, P. Annual fish as a genetic model for aging. [J].Gerontol A Biol Sci Med Sci, 2004, 59：101-107.

[30] Jaskelioff, M., Muller, F.L., Paik, J.H., Thomas, E., Jiang, S., Adams, A.C., Sahin, E., Kost-Alimova, M., Protopopov, A., Cadinanos, J., et al. Telomerase reactivation reverses tissue degeneration in aged telomerase-deficient mice. [J]. Nature, 2011, 469：102-106.

[31] Jetly, S., Verma, N., Naidu, K., Faiq, M.A., Seth, T., and Saluja, D. (2017). Alterations in the Reactive Oxygen Species in Peripheral Blood of Chronic Myeloid Leukaemia Patients from Northern India. [J].Clin Diagn Res, 2017, 11：XC01-XC05.

[32] Kapewangolo, P., Hussein, A.A., and Meyer, D.Inhibition of HIV-1 enzymes, antioxidant and anti-inflammatory activities of Plectranthus barbatus. [J]. Ethnopharmacol, 2013, 149：184-190.

[33] Lagares, M.H., Silva, K.S.F., Barbosa, A.M., Rodrigues, D.A., Costa, I.R., Martins, J.V.M., Morais, M.P., Campedelli, F.L., and Moura, K. Analysis of p53 gene polymorphism (codon 72) in symptomatic patients with atherosclerosis. [J]. Genet Mol Res, 2017, 16.

[34] Le Grandois, J., Guffond, D., Hamon, E., Marchioni, E., and Werner, D. Combined microplate-ABTS and HPLC-ABTS analysis of tomato and pepper extracts reveals synergetic and antagonist effects of their lipophilic antioxidative components. [J]. Food Chem, 2017, 223：62-71.

[35] Lee, K.J., Song, N.Y., Oh, Y.C., Cho, W.K., andMa, J.Y. Isolation and Bioactivity Analysis of Ethyl Acetate Extract from Acer tegmentosum

Using In Vitro Assay and On-Line Screening HPLC-ABTS(+) System〔J〕. Anal Methods Chem 2014, 15：5-9.

〔36〕Lessel, D., Wu, D., Trujillo, C., Ramezani, T., Lessel, I., Alwasiyah, M.K., Saha, B., Hisama, F.M., Rading, K., Goebel, I., et al. Dysfunction of the MDM2/p53 axis is linked to premature aging. J Clin Invest, 2017, 127：3598-3608.

〔37〕Li, X., Lin, J., Gao, Y., Han, W., and Chen, D.Antioxidant activity and mechanism of Rhizoma Cimicifugae.〔J〕. Chem Cent, 2016, 6：140.

〔38〕Liu, H., and Zhou, M. Evaluation of p53 gene expression and prognosis characteristics in uveal melanoma cases.〔J〕. Onco Targets Ther, 2017, 10：3429-3434.

〔39〕Nakatani, H. Global Strategies for the Prevention and Control of Infectious Diseases and Non-Communicable Diseases.〔J〕. Epidemiol, 2016, 26：171-178.

〔40〕Obata, T., and Nakashima, M. Phytic acid suppresses ischemia-induced hydroxyl radical generation in rat myocardium.〔J〕. Eur J Pharmacol, 2016, 774：20-24.

〔41〕Orekhov, A.N., Sobenin, I.A., Korneev, N.V., Kirichenko, T.V., Myasoedova, V.A., Melnichenko, A.A., Balcells, M., Edelman, E.R., and Bobryshev, Y.V. Anti-atherosclerotic therapy based on botanicals.〔J〕. Recent Pat Cardiovasc Drug Discov, 2013, 8, 56-66.

〔42〕Panth, N., Paudel, K.R., and Parajuli, K. Reactive Oxygen Species: A Key Hallmark of Cardiovascular Disease.〔J〕. Adv Med, 2016, 915：27-32.

〔43〕Robu, M.E., Larson, J.D., Nasevicius, A., Beiraghi, S., Brenner, C., Farber, S.A., and Ekker, S.C. p53 activation by knockdown technologies.〔J〕. PLoS Genet, 2017, 3, e78.

〔44〕Semsei, I., and Zs-Nagy, I. Superoxide radical scavenging ability of centrophenoxine and its salt dependence in vitro.〔J〕. Free Radic Biol Med, 1985, 1：403-408.

〔45〕Smirnoff, N., and Cumbes, Q.J. Hydroxyl radical scavenging activity of compatible solutes.〔J〕. Phytochemistry, 1989, 28：1057-1060.

〔46〕Sun, G., and Liu, K. Developmental toxicity and cardiac effects of butyl benzyl phthalate in zebrafish embryos.〔J〕. Aquat Toxicol, 2017, 192：165-170.

〔47〕Tundis, R., Loizzo, M.R., and Menichini, F. Natural products as alpha-amylase and alpha-glucosidase inhibitors and their hypoglycaemic potential in the treatment of diabetes: an update. [J]. Mini Rev Med Chem, 2010, 10：315-331.

［48］Wang, J.P., Hsieh, C.H., Liu, C.Y., Lin, K.H., Wu, P.T., Chen, K.M., and Fang, K. Reactive oxygen species-driven mitochondrial injury induces apoptosis by teroxirone in human non-small cell lung cancer cells. [J]. Oncol Lett, 2017（a）14：3503-3509.

［49］Wang, T., Lin, H., Tu, Q., Liu, J., and Li, X. Fisetin Protects DNA Against Oxidative Damage and Its Possible Mechanism. [J]. Adv Pharm Bull, 2016, 6：267-270.

［50］Wang, Y.Q., Li, S.J., Zhuang, G., Geng, R.H., and Jiang, X. Screening free radical scavengers in Xiexin Tang by HPLC-ABTS-DAD-Q-TOF/MS. [J]. Biomed Chromatogr, 2017（b）31.

［51］Wiens, L., Banh, S., Sotiri, E., Jastroch, M., Block, B.A., Brand, M.D., and Treberg, J.R. Comparison of Mitochondrial Reactive Oxygen Species Production of Ectothermic and Endothermic Fish Muscle. [J]. Front Physiol, 2017, 8：704.

［52］Xia, G., Xin, N., Liu, W., Yao, H., Hou, Y., and Qi, J. Inhibitory effect of Lycium barbarum polysaccharides on cell apoptosis and senescence is potentially mediated by the p53 signaling pathway. [J]. Mol Med Rep, 9：1237-1241.

［53］Xu, H., Wang, W., Jiang, J., Yuan, F., and Gao, Y. Subcritical water extraction and antioxidant activity evaluation with on-line HPLC-ABTS(.+) assay of phenolic compounds from marigold (Tagetes erecta L.) flower residues. [J]. Food Sci Technol, 2015, 52：3803-3811.

［54］Zhang, R., Zhang, N., Zhang, H., Liu, C., Dong, X., Wang, X., Zhu, Y., Xu, C., Liu, L., Yang, S., et al. Celastrol prevents cadmium-induced neuronal cell death by blocking reactive oxygen species-mediated mammalian target of rapamycin pathway. [J]. Br J Pharmacol, 2017, 174：82-100.

［55］Zhou, Q., Liu, S., Yua, D., and Zhang, N. Therapeutic Effect of Total Saponins from Dioscorea nipponica Makino on Gouty Arthritis Based on the NF-kappaB Signal Pathway: An In vitro Study. [J]. Pharmacogn Mag, 2016, 12：235-240.

第五章

穿龙薯蓣乙酸乙酯层提取物的
分离鉴定及活性测定

天然产物有效成分是从天然产物中提取出的具有一定生物活性的化合物，蛋白质、多糖、生物碱、挥发油、黄酮、糖苷类和甾体化合物等都属于天然产物有效成分的主要组成部分。近年来，天然产物的有效利用开发日益得到人们的重视，学者们对天然产物有效成分的研究也日益加深，所以其有效成分提取分离的相关研究也成了大家研究的重点。由于各类药材所含成分的不同以及提取工艺的差异，在提取其有效成分时需要根据其性质来选定合适的提取分离方法。常用的传统提取方法有结晶法、蒸馏法和索氏提取法等；常用的新型传统方法有超声波辅助提取法、超临界流体萃取法和制备高效液相色谱法等，无论是传统或是新型提取方法，都各有利弊。得到有效成分的关键就在于分离纯化的方法是否合适，本实验结合常压或减压硅胶柱色谱、薄层色谱、重结晶和SephadexLH-20凝胶柱色谱等技术，对穿龙薯蓣乙酸乙酯层的化合物进行分离纯化，得到其有效成分，为其药理活性的研究提供理论基础。

第一节　穿龙薯蓣乙酸乙酯层有效成分分离

一、材料与仪器

（一）实验材料与仪器

1.材料

文章第二部分分离制备乙酸乙酯层浸膏。

2.主要实验仪器

在线高效液相色谱系统（美国安捷伦Agilent 1200）；核磁共振仪（德国布鲁克，Bruker avance 600）；旋转蒸发仪（日本 EYALA 公司）；质谱仪（美国安捷伦，Agilent 1200 series）；Sephadex LH-20凝胶（美国 GE 公司）；柱色谱硅胶、薄层色谱硅胶板（青岛海洋化工厂分厂）；用于半制备液相和制备液相的试剂为色谱纯，其他均为分析纯。

（二）化学成分的研究

结合体内外抗氧化试验研究结果，将乙酸乙酯层用甲醇溶解后过中压液相ODS硅胶柱，按表1确定的洗脱程序，用甲醇和水进行梯度洗脱（0~100%，甲醇体积递增），得到不同洗脱液，经旋转蒸发蒸干后得到9个化合物，其重量分别为化合物1（150 mg）、化合物2（5.1 mg）、化合物3（44.9 mg）、化合物4（6.6 mg）、化合物5（20.4 mg）、化合物6（12.7 mg）、化合物7（15.2 mg）、化合物8（7.0 mg）、化合物9（7.5 mg）。

表1　中压液相色谱分离条件

时间/min	流速/(mL·min⁻¹)	A（甲醇）/%	B（水）/%
0	10	5	95
10	10	20	80
20	10	40	60
40	10	70	30

| 50 | 10 | 90 | 10 |
| 60 | 10 | 100 | 0 |

二、穿龙薯蓣化学成分的分子结构表征

将得到的9种化合物分别采用电喷雾质谱（ESI-MS）和核磁共振谱（NMR）进行结构表征；ESI-MS的离子化参数：m/z值扫描区间100~1 000，电喷雾电压4 V，电喷雾电流0.15 μA，毛细管电压15 V，毛细管温度350 ℃，鞘气流速20个单位，辅气流速10个单位；NMR分析在Varian NMR system 500 MHZ上进行，将样品溶于CD_3OD溶液中，1H和13C谱的δ值以TMS（tetramethylsilane）为内标。

三、九种单体化合物结构鉴定

化合物1：分子式：$C_{16}H_{16}O_6$，分子量：304。黄色固体（MeOH），mp 166.0~168℃;[α]25D + 19.0° ;HR-ESI-MS m/z:305.0644 [M+H]+ (理论值304.0647)推测分子式为$C_{16}H_{15}O_6$；13C-NMR，DEPT-90和135(125,MHz,MeOD)给出16个碳的吸收信号，包含以下功能团：1个CH_3，1个CH_2，7个CH和7个四价碳，可以看到羰基碳 δ $C_17$0.3。在1H-NMR六个苯环上的氢 δ H 7.52 (2H, m, H-2,6), 7.44 (2H, m, H-3,5), 7.39 (1H, m, H-4), 6.37 (1H, s, H-10)。HMBC谱中含氧次甲基H-7（δ H 5.60, dd, J = 11.5, 3.0 1H）与C1, C2, C6和C8相关，表明羟基位于7位；HMBC谱中乙基H-8（δ H 5.60, 3.11, 2H）同时与C8,C9,C10,C11和C14有清晰的信号，表明位于8位；COSY谱中可以清晰地看到H-7和H-8有很强的关联性，表明这两个氢相连接。HMBC谱中H-10（δ H 6.37）与C8, C9, C11相关；甲氧基12-OCH_3(δ H5.60)与C12相关；与已知化合物2相比较，在H-NMR中可以看到新化合物1只多了一个甲氧基缺少了一个苯环上的氢；旋光度为[α]25D + 19.0° 为正值，与已知文献比较新化合物C7的绝对构型为S形式，因此推断化合物1被命名为diosniposide E.

1H and 13C NMR data of compounds 1 in MeOD.

position	1	
	δ H (J, HZ)	δ C

1		138.7
2	7.52 m	125.9
3	7.44 m	128.3
4	7.39 m	128.3
5	7.44 m	128.3
6	7.52 m	125.9
7	5.61 dd (11.5, 3.0)	80.4
8a	3.25 m	34.7
8b	3.11 dd (16.5, 3.5)	
9		135.9
10	6.37 s	106.5
11		157.2
12		133.8
13		156.3
14		100.9
COOH		170.3
12-OCH$_3$	3.86	59.5

化合物2：分子式：C$_{15}$H$_{14}$O$_5$,分子量：274。黄色固体，ESI-MS m/z: 275.0547 [M + H]+。1H-NMR (300 MHZ, MeOD) δ 7.52 （2H， m, H-2, H-6）， 7.44 (2H, m, H-3, H-5), 7.39 (1H, m, H-4), 6.28 (1H, s, H-10), 6.25 (1H, s, H-12), 5.61 (1H, dd, J = 11.5, 3.0, H-7), 3.25 (1H, m, H-8a), 3.11 (1H, dd, J = 16.5, 3.5, H-8b); 13C-NMR (125 MHz) δ 170.3 (14-COOH), 165.6 (C-11), 164.3 (C-13), 138.7 (C-1), 141.9 (C-9), 101.0 (C-12), 128.3 (C-3, C-4, C-5), 125.9 (C-2, C-6), 106.8 (C-10)，99.9 (C-14), 80.4 (C-7), 34.7 (C-8)。与已知文献对比，鉴定该化合物为二硝醇C (diosniponol C)。

化合物3：分子式：C$_{19}$H$_{18}$O$_3$,分子量：294。黄色固体，EI-MS m/z: 294.

1H-NMR (300 MHZ, MeOD) δ 7.35（2H，d，J = 8.5 H-2 "，H-6 "），7.28 (1H, dd, J = 15.5, 10.8, H-6), 6.98 (2H, d, J = 8.5, H-2 '，H-6 '), 6.95 (1H, d, J = 15.5, H-7), 6.80 (1H, dd, J = 15.5, 10.8, H-6), 6.63 (2H, d, J = 8.5, H-3 '，H-5 '), 6.62 (2H, J = 8.5, H-3 "，H-5 "), 6.18 (1H, d, J = 15.5, H-4), 2.82 (2H, t, J = 7.4, H-1), 2.73 (2H, t, J = 7.4, H-1). 13C-NMR (125 MHz) δ 198.7(C-3), 158.7 (C-4 ")，155.4 (C-4 '),143.3 (C-5), 141.4 (C-7), 131.1 (C-1 '), 128.9 (C-2 '，C-6 '), 128.8 (C-2 "，C-6 "，127.8 (C-4), 127.0 (C-1 "), 123.6 (C-6), 115.6 (C-3 "，C-5 "), 41.6 (C-2), 29.0 (C-1)。与已知文献对比，鉴定该化合物为1,7-双（4-羟基苯基）-4E，6E-庚二烯-3-酮（1,7-Bis(4-hydroxyphenyl)hepta-4E,6E-dien-3-one）。

化合物 4：分子式：$C_{16}H_{14}O_4$,分子量：270。黄色固体，EI-MS m/z：270。1H-NMR (300 MHZ, MeOD) δ 8.96 (1H, s, H-4), 7.37, 7.27 (2H, d, J = 8.7, H-9, H-10), 7.06 (1H, s, H-1), 6.70 (1H, d, J = 2.5, H-8), 6.63 (1H, d, J = 2.5, H-6), 3.99 (3H, s, 5-OCH$_3$), 3.93 (3H, s, 3-OCH3); 13C-NMR (125 MHz) δ 159.5 (C-2), 154.8 (C-7), 147.5 (C-3), 144.5 (C-5), 134.8 (C-5 '), 127.2 (C-6), 126.6 (C-4 '), 124.6 (C-4), 124.2 (C-1), 114.5 (C-8), 111.3 (C-9), 108.5 (C-10), 104.2 (C-8 '), 98.6 (C-1 '), 54.8 (5-OCH3), 54.7 (3-OCH3)。与已知文献对比，鉴定该化合物为3,5-二甲氧基-2,7-菲二醇（3,5-dimethoxyphenanthrene-2,7-diol）。

化合物5：分子式：$C_7H_6O_5$，分子量：170。黄色固体，EI-MS m/z：170。1H-NMR (300 MHZ, Acetone-d6) δ 7.06 (2H, s, H-2, H-6); 13C-NMR (125 MHz) δ 170.7 (C-7), 146.4 (C-3, C-5), 139.6 (C-4), 122.3 (C-1), 110.4 (C-2, C-6)。与已知文献对比，鉴定该化合物为没食子酸（Gallic acid）。

化合物6：分子式：$C_8H_8O_5$，分子量：184。黄色固体，EI-MS m/z：184。1H-NMR (300 MHZ, Acetone-d6) δ 7.10 (2H, H-2, H-6), 3.78 (3H, s, 7-OCH3). 13C-NMR (125 MHz) δ 167.3 (C-7), 146.1 (C-3, C-5), 138.8 (C-4), 121.8 (C-4), 109.8 (C-2, C-6), 51.9 (7-OCH3)。与已知文献对比，鉴定该化合物为没食子酸甲酯（Methyl gallate）。

化合物7：分子式：$C_8H_8O_4$，分子量：168。黄色固体，EI-MS m/z：168。1H-NMR (300 MHZ, Acetone-d6) δ 7.59 (1H, m, H-6), 7.55 (1H, m, H-2), 6.90 (1H, d, J = 2.5, H-5), 3.89 (3H, s, 3-OCH3); 13C-NMR (125 MHz) 167.6 (C-7), 152.1 (C-3), 148.1 (C-4), 124.9 (C-1), 122.9 (C-6), 115.6 (C-2), 113.5 (C-5), 56.4 (3-OCH3)。与已知文献对比，鉴定该化合物为香草酸（Vanillic acid）。

化合物 8：分子式：$C_{32}H_{26}O_8$，分子量：538。黄色固体，EI-MS m/z：538。1H-NMR (300 MHZ, Acetone-d6) δ 9.24 (2H, br s, 6, 6 '), 7.28 (2H, d, J = 9.2, H-9, 9 '), 7.12 (2H, s, H-8, 8 '), 7.10 (2H, s, H-3, 3 '), 6.91 (2H, d, J = 9.2, H-10, 10 '), 4.23 (6H, s, 2, 2 ' -OCH3), 4.09 (6H, s, 7, 7 ' -OCH3); 13C-NMR (125 MHz) δ 157.8 (C-2, 2 '), 153.3 (C-4, 4 '), 147.7 (C-7, 7 '), 145.0 (C-6, 6 '), 133.8 (C-10a), 126.3 (C-8a, 8a ' , 7, 7 '), 124.1 (C-4b, 4b '), 122.5 (C-10, C-10 '), 114.1 (C-4a, 4a '), 111.6 (C-8, 8 '), 111.0 (C-1, 1 '), 55.7 (2，2 ' -OCH_3), 55.4 (7，7 ' -OCH_3)。与已知文献对比，鉴定该化合物为2,2',7,7'-四羟基-4,4',6,6'-四甲氧基-1,1'-二菲（1,1' － Biphenanthrene]-4,4',6,6'-tetrol, 2,2',7,7'-tetramethoxy- ）

化合物9：分子式：$C_{15}H_{10}O_5$，分子量：270。黄色固体, EI-MS m/z：270。1H-NMR (300 MHZ, Acetone-d6) δ 6.18 (1H, d, J = 2.0, H-6), 6.47 (1H, d, J = 2.0, H-8), 6.53 (1H, s, H-3), 6.90 (2H, d, J = 8.8, H-3', 5'), 7.91 (2H, d, J = 8.8, H-2', 6'), 12.95 (1H, s, 5-OH); 13C NMR (125 MHz, DMSO － d6) δ 94.0 (C-8), 98.9 (C-6), 102.8 (C-3), 103.7 (C-10), 116.0 (C-3', 5'), 121.2 (C-1'), 128.5 (C-2', 6'), 157.4 (C-9), 161.2 (C-4'), 161.5 (C-5), 164.2 (C-2), 164.3 (C-7), 181.8 (C-4)。与已知文献对比，鉴定该化合物为芹菜素（Apigenin）。

四、九种单体化合物化学结构式

五、九种单体化合物核磁共振波谱

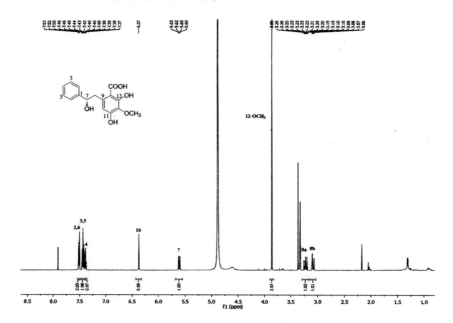

Figure S1. 1H NMR spectrum of compound 1

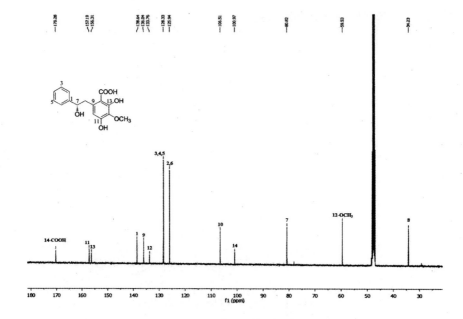

Figure S2. 13C NMR spectrum of compound 1

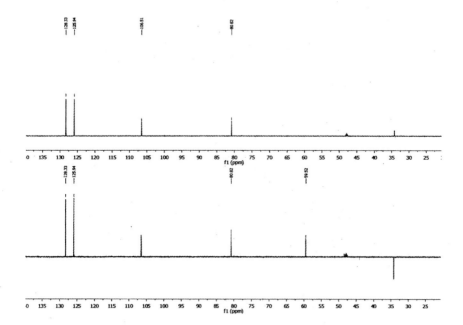

Figure S3. DEPT spectrum of compound 1

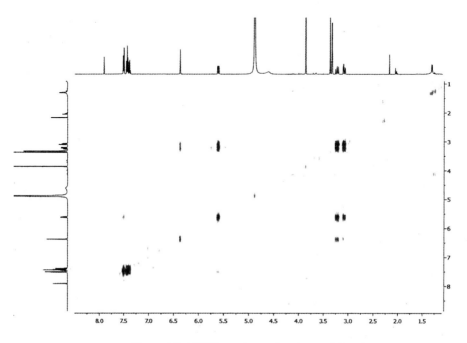

Figure S4. COSY spectrum of compound 1

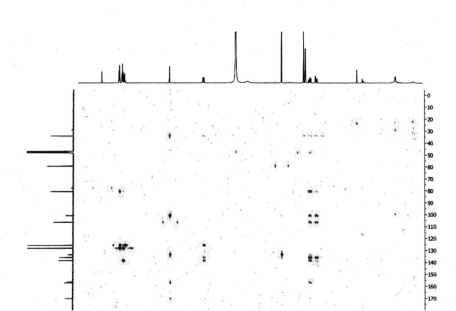

Figure S5. HMBC spectrum of compound 1

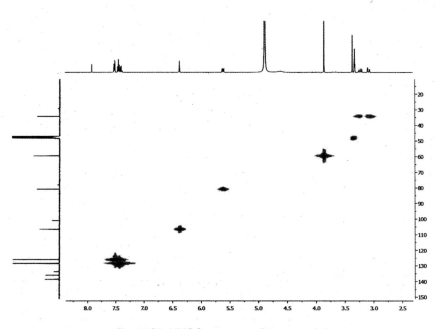

Figure S6. HMQC spectrum of compound 1

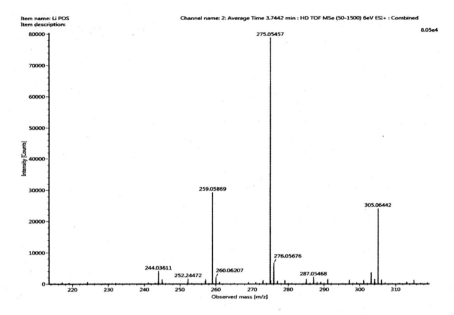

Figure S7. HRESIMS spectrum of compound 1

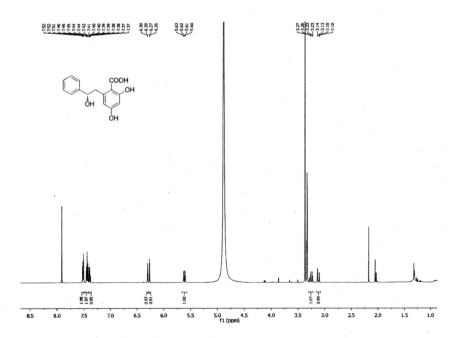

Figure S8. 1H NMR spectrum of compound 2

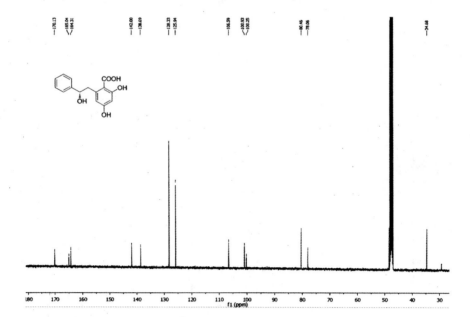

Figure S9. 13C NMR spectrum of compound 2

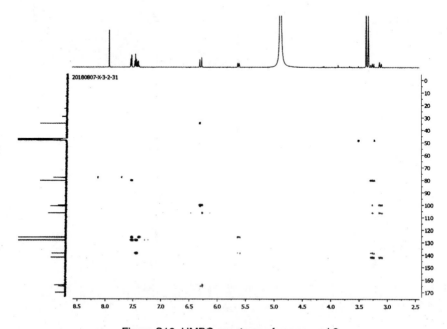

Figure S10. HMBC spectrum of compound 2

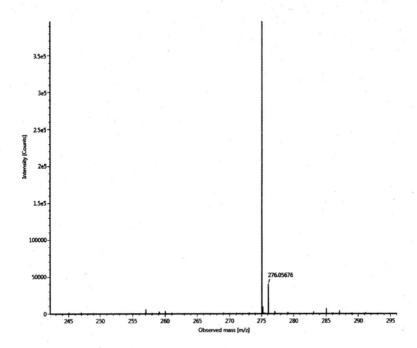

Figure S11. HRESIMS spectrum of compound 2

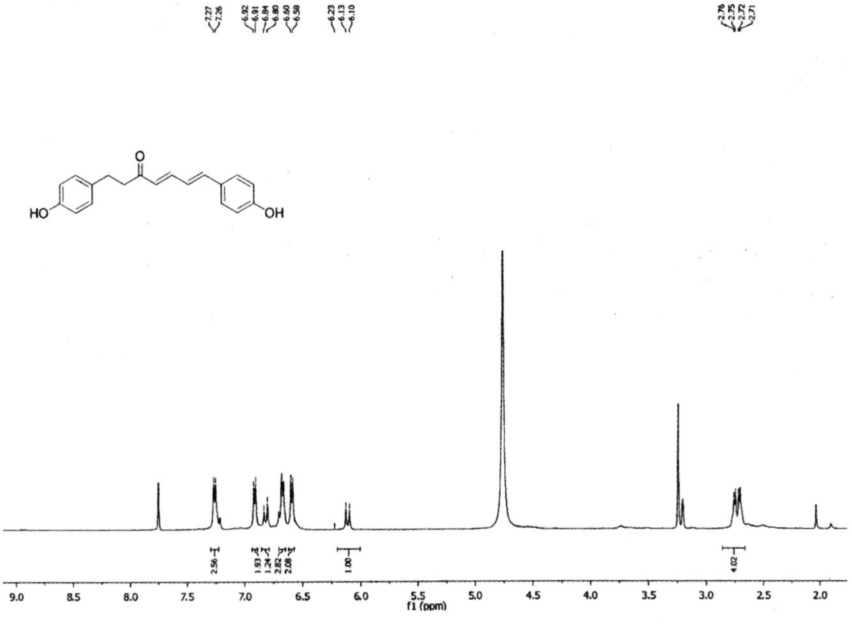

Figure S12. 1H NMR spectrum of compound 3

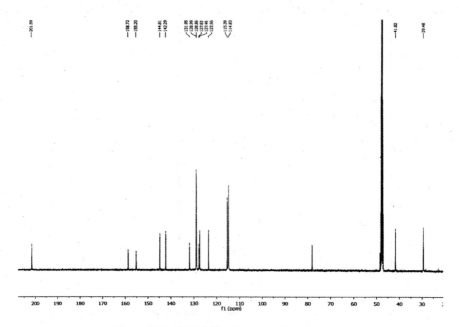

Figure S13. 13C NMR spectrum of compound 3

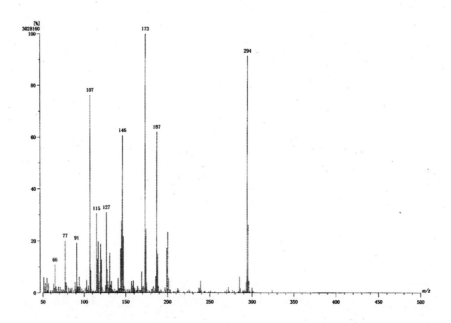

Figure S14. EIMS spectrum of compound 3

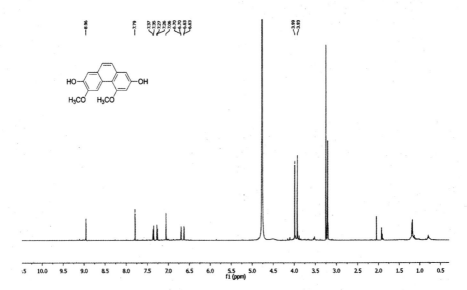

Figure S15. 1H NMR spectrum of compound 4

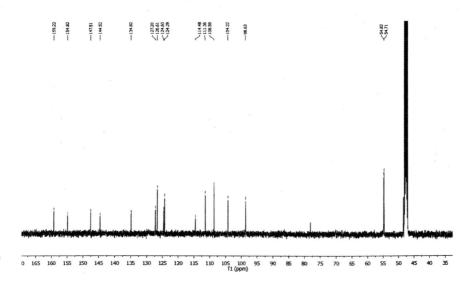

Figure S16. 13C NMR spectrum of compound 4

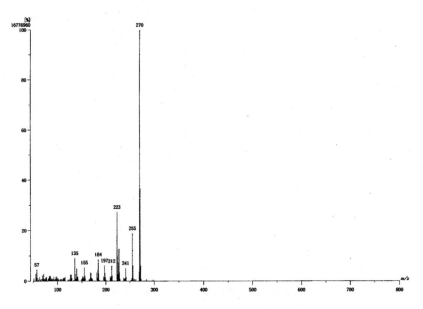

Figure S17. EIMS spectrum of compound 4

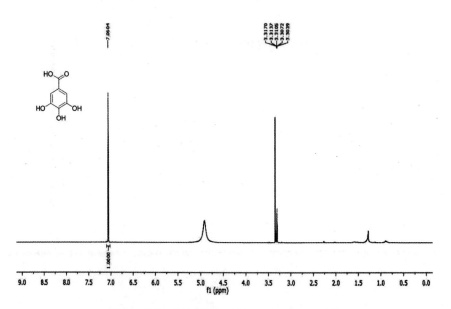

Figure S18. 1H NMR spectrum of compound 5

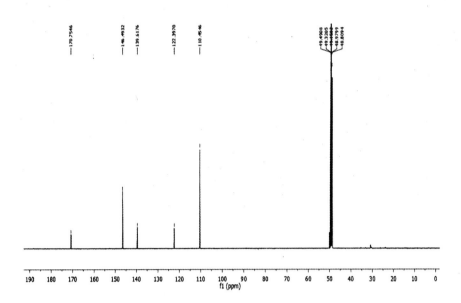

Figure S19. 13C NMR spectrum of compound 5

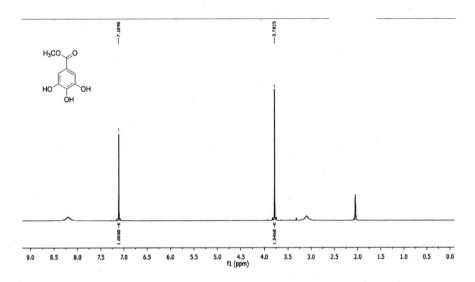

Figure S20. 1H NMR spectrum of compound 6

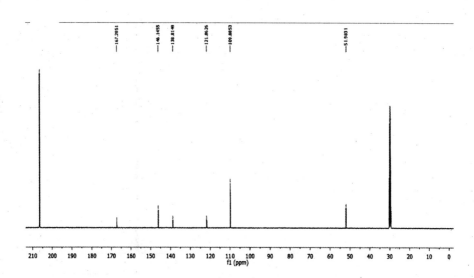

Figure S21. 13C NMR spectrum of compound 6

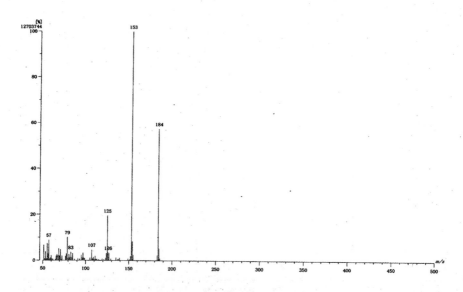

Figure S22. EIMS spectrum of compound 6

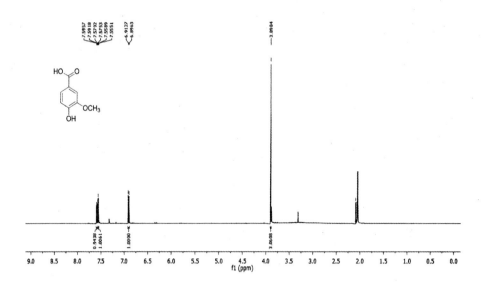

Figure S23. 1H NMR spectrum of compound 7

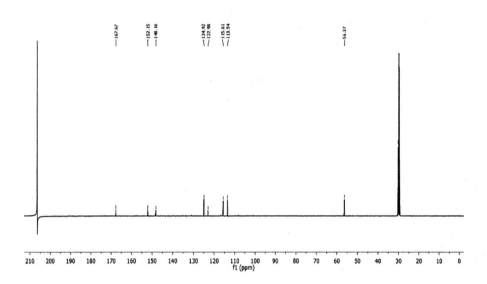

Figure S24. 13C NMR spectrum of compound 7

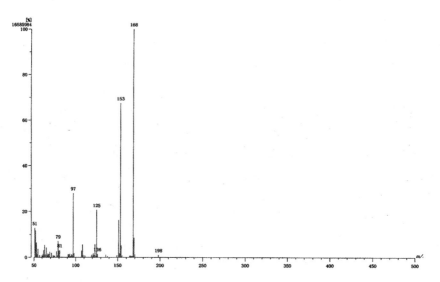

Figure S25. EIMS spectrum of compound 7

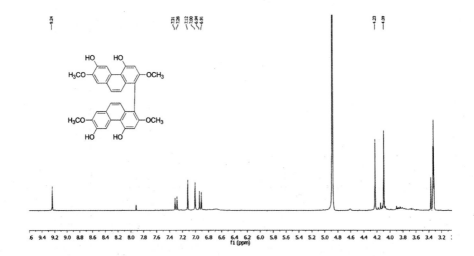

Figure S26. 1H NMR spectrum of compound 8

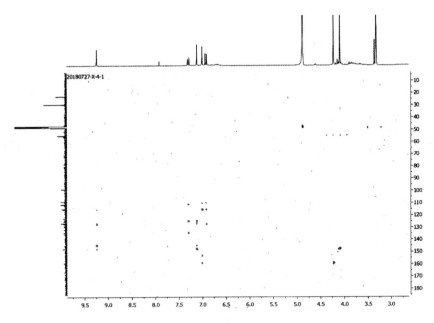

Figure S27. HMBC spectrum of compound 8

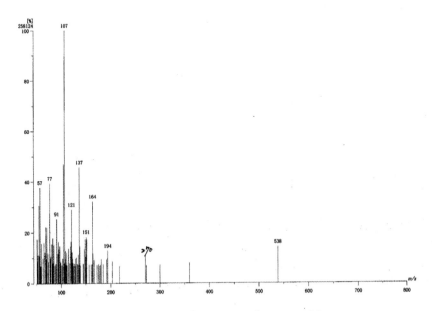

Figure S28. EIMS spectrum of compound 8

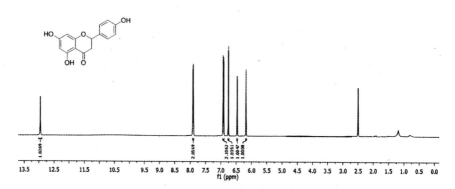

Figure S29. 1H NMR spectrum of compound 9

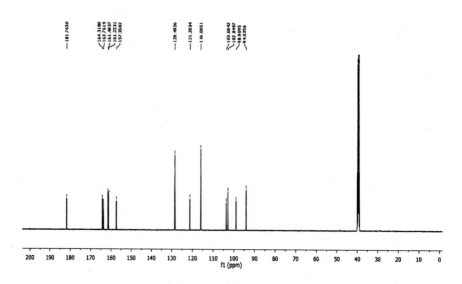

Figure S30. 13C NMR spectrum of compound 9

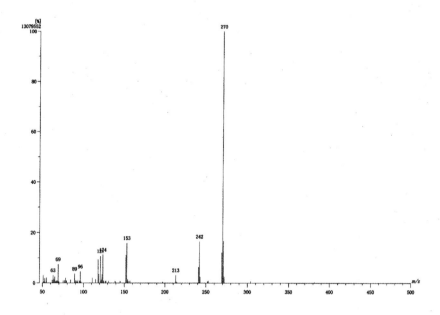

Figure S31. EIMS spectrum of compound 9

第二节　穿龙薯蓣乙酸乙酯层单体化合物药理活性研究

　　物质氧化还原反应的化学本质为电子的得失反应，抗氧化剂可以释放出氢离子将氧化过程中产生的过氧化物破坏分解，使氧化反应无法继续进行；有些抗氧化剂可以阻止或减弱氧化酶类的活动，例如超氧化物歧化酶对超氧化物的自由基的清除；金属离子螯合剂，可以通过对金属离子的螯合作用，减少金属离子的促进氧化作用的能力；多功能抗氧化剂，产生多种抗氧化作用。抗氧化剂借助还原反应，降低食品体系及周围的氧含量，即抗氧化剂本身就极易氧化，因此在有氧化食品因素存在的时，如光照、氧气、加热等，抗氧化剂就先于食品与氧化因素作用，避免了食品被氧化；有些抗氧化剂是一种自由基吸收剂即自由基清除剂。可以与氧化过程的中间产物结合，从而使氧化反应无法发生。

一、穿龙薯蓣乙酸乙酯层单体化合物活性评价

1. 抗氧化活性评价理论计算

1.1 体系结构

目前一般常用的抗氧化剂均属酚类化合物，本文研究对象的结构如图1所示。在这里我们分别用阿拉伯数字1—9对个体系进行编号。

体系1—9结构

Structure of 1–9 system

1.2 计算方法

所有计算采用Gaussian 09程序包在B3LYP–D3/6–311G（d，p）水平上进行。优化的结构均进行频率计算验证极小点确认没有虚频。开壳层能量的计算在UB3LYP–D3/6–311G（d，p）水平上进行。使用MULTIWFN软件和VMD程序研究了体系1–10的分子表面静电势图。我们使用以下公式定义还原能和氧化能来描述体系发生还原反应和氧化反应的能力。它被定义为中性体系与得到电子体系和失去电子体系之间的能量差，可以表示为：

$$E_{Deoxidation} = E_{Neutral} - E_{e-}$$

$$E_{Oxidation} = E_{Neutral} - E_{e+}$$

E $_{\text{Deoxidation/Oxidation}}$分别是体系的还原能和氧化能，E $_{\text{Neutral}}$为中性体系的能量，E e-和E e+分别对应体系得到电子和失去电子的能量。根据这个定义，能量为正值表明反应更容易进行。

1.3理论构型

我们首先对本文所研究的体系1-9的一系列初始结构进行了优化从而得到最稳定的结构，包括Disniposide E、二硝基醇（diosniponol C）、1,7-二（4-羟基苯基）庚-4E，6E-二烯-3-酮、3,5-二甲氧基菲-2,7-二醇、没食子酸、没食子酸甲酯、香草酸、1,1'-双菲-4,4',6,6'-四醇、2,2',7,7'-四甲氧基和芹菜素。通过计算得到的理论构型与给出的结构基本吻合。

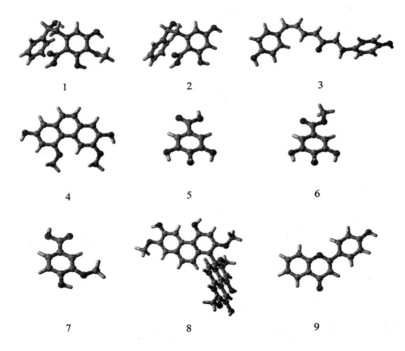

体系1-9的理论模型

Theorical model of 1-9 system

1.4能量计算

表1中第2列和第6列分别给出了体系1-9的E $_{\text{Deoxidation}}$和E $_{\text{Oxidation}}$，第3-5列分别代表体系得到电子，中性体系和体系失去电子的能量。由表1所示的体系1-9的E $_{\text{Deoxidation}}$和E $_{\text{Oxidation}}$大小，可以清楚地看到，体系1-9得到电子的能力明显强于失去电子的能力，即E $_{\text{Deoxidation}}$远远小于体系的E $_{\text{Oxidation}}$。例如，体系1得到电子需要消耗-0.11 eV，而失去电子需要消耗-7.56 eV；又如体系3得到电子

需要消耗+0.98 eV，正值代表得到电子的体系比中性体系更稳定。上述结果证明，体系1-9更容易发生还原反应，体系均具有抗氧化活性，其中体系1，2，5，6和8的抗氧化活性优于其他体系（E e-值较小）。

体系1-9的还原(Deoxidation)能和氧化(Oxidation) 能

Deoxidation energy and Oxidationg energy of 1-9 system

Compound	Energy （eV）				
	Deoxidation	e-	neutral	e+	Oxidation
1	-0.11	-1071.00	-1071.00	-1070.73	-7.56
2	-0.17	-956.44	-956.45	-956.16	-7.79
3	0.98	-960.83	-960.79	-960.53	-7.03
4	-0.34	-919.27	-919.29	-919.04	-6.55
5	-0.07	-646.68	-646.68	-646.38	-8.13
6	-0.12	-685.99	-685.99	-685.70	-8.02
7	-0.33	-610.74	-610.76	-610.47	-7.87
8	-0.06	-1837.37	-1837.37	-1837.16	-5.89
9	0.60	-803.54	-803.52	-803.23	-7.71

1.5分子表面静电势分析

体系1-9的分子表面静电势如图所示。预计这些带负电的位点（红色区域）会为吸附提供亲电吸引力，而带正电的位点（蓝色区域）会为吸附提供亲核吸引力。抗氧化剂的作用原理为借助还原反应，降低体系及周围的氧含量。仔细观察结果发现，缺电子区域（蓝色）预计为抗氧化活性的作用位点，并且颜色深区域更容易发生。

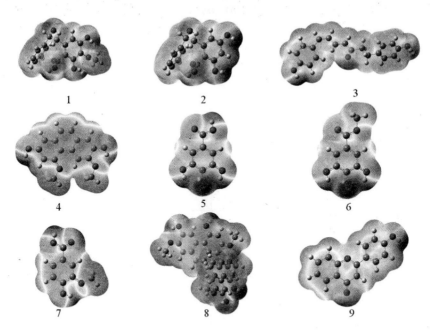

体系1-9的分子表面静电势图（红色和蓝色分别代表亲核和亲电区域）

Molecular surface electrostatic potential of 1-9 system

通过理论模拟计算了体系1-9的$E_{Deoxidation}$和$E_{Oxidation}$，结果表明体系1-9得到电子的能力明显强于失去电子的能力，即体系1-9更容易发生还原反应，体系均具有抗氧化活性，其中体系1，2，5，6和8的抗氧化活性优于其他体系。通过分子表面静电势分析结果，预计这些带负电的位点（红色区域）会为吸附提供亲电吸引力，而带正电的位点（蓝色区域）会为吸附提供亲核吸引力。预计缺电子区域（蓝色）为抗氧化活性的作用位点，并且颜色深区域更容易发生。

二、九种单体化合物抗氧化活性检测

1.DPPH清除能力检测

DPPH评价方法按照文献操作，稍微修改。使用甲醇溶解样品和DPPH，不同浓度样品溶液100 μL加入100 μL DPPH(50 μM)溶液中，涡旋10秒后在暗处反应20分钟。使用酶标仪在492nm下测量吸光度。L-抗坏血酸和Trolox作为阳性参考。计算IC50值(清除测试溶液中50％DPPH所需浓度)并表示为平均值±SD。结果见表1.

表1 化合物1-9对DPPH清除率

Compd	流速/(mL·min^{-1})
1	>5000
2	>5000
3	>5000
4	3.09
5	2.97
6	3.82
7	2509 ± 0.11
8	>5000
9	>5000
L-Ascorbic acid	9.86 ± 0.33
Trolox	2.50 ± 0.02

表2 化合物1-9对ABTS清除率

Compd	ABTS IC$_{50}$(μM)
1	27.31 ± 0.21
2	26.97 ± 0.19
3	26.62 ± 0.13
4	3.41 ± 0.02
5	3.26 ± 0.04
6	4.19 ± 0.06
7	29.22 ± 0.28
8	352.16 ± 0.07
9	498.81 ± 5.32

L–Ascorbic acid	24.84 ± 0.31
Trolox	18.30 ± 0.22

2. ABTS清除能力检测

ABTS评价方法按照文献操作，稍微修改。将1 mL 2.6 mM过硫酸钾加入1 mL 7 mM ABTS中，混合后室温下避光保存12–16小时方可使用。使用甲醇稀释ABTS溶液，使其在734 nm下吸光度为0.70 ± 0.02。不同浓度样品DMSO溶液10 μL加入到190 μL ABTS溶液中。涡旋10秒后在暗处反应20分钟。使用酶标仪在734 nm下测量吸光度。L–抗坏血酸和Trolox作为阳性对照。通过测量不同浓度Trolox对ABTS的的清除率来建立标准曲线。ABTS的抑制率根据下式计算：清除率(%)= [1-(化合物的吸光度–空白吸光度)/对照的吸光度] × 100%。计算IC50值并表示为平均值 ± SD。结果见表2。

3.对乙酰胆碱酯酶(AChE)抑制活性

按Ozturk M(2（2011）测定测量乙酰胆碱酯酶(AChE)抑制活性。不同浓度样品10%DMSO溶液20 μL加入到120 μL磷酸盐缓冲液(pH 8.0, 0.1 M)和20 μL AChE溶液(pH 8.0,0.8 U/mL, 0.1M 磷酸盐缓冲液)中。在25 ℃下孵化15分钟。然后分别加入20 μL碘代硫代乙酰胆碱(ATCI)溶液(pH 8.0, 1.78 mM, 0.1 M 磷酸盐缓冲液)和20 μL 5,5'–二硫代双–(2-硝基苯甲酸) (DTNB)溶液 (pH 8.0,1.25 mM, 0.1M磷酸盐缓冲液)，在25 ℃下孵化5分钟。使用酶标仪在405 nm下测量孵育前后的吸光度。使用多奈哌齐作为阳性对照。AChE抑制活性表示为%抑制，计算公式如下：

$$\%inhibition = \left(1 - \frac{\Delta A_{sample}}{\Delta A_{control}}\right) \times 100\%$$

所有实验均进行三次，并使用SPSS软件(版本22.0)和Origin软件(版本8.0)分析数据，测定结果见表3。

表3 化合物1–9对α–葡萄糖苷酶和胆碱酯酶抑制活性

Compd.	α–Glucosidase IC$_{50}$ (μM)	AchE IC$_{50}$ (μM)	BchE IC$_{50}$ (μM)
1	>800	113.10 ± 0.04	58.12 ± 0.12
2	>800	0.08 ± 0.04	3.02 ± 0.12

3	1.60 ± 0.17	862.10 ± 5.85	321.69 ± 2.14
4	31.4 ± 0.18	425.20 ± 2.66	265.9 ± 1.79
5	>800	>1000	>1000
6	>800	>1000	>1000
7	>800	>1000	>1000
8	>800	>1000	>1000
9	>800	>1000	>1000
Acarbose	60.87 ± 1.02	None	None
Donepezil	None	0.10 ± 0.0	3.58 ± 0.08

4.对丁酰胆碱酯酶(BChE)抑制活性

根据文献[158] 测量BChE抑制活性。不同浓度样品10%DMSO溶液20 μL加入到120 μL磷酸盐缓冲液(pH 8.0, 0.1 M)和20 μL BChE溶液(pH 8.0, 0.8 U/mL, 0.1M 磷酸盐缓冲液)中。在25 ℃下孵化15分钟。然后分别加入20 μL氯化硫代丁酰胆碱溶液(pH 8.0, 0.4 mM, 0.1 M磷酸盐缓冲液)和20 μL DTNB溶液 (pH 8.0, 1.25 mM, 0.1M磷酸盐缓冲液)，在25 ℃下孵化5分钟。使用酶标仪在405nm下测量孵育前后的吸光度。使用多奈哌齐作为阳性对照。BChE抑制活性表示为%抑制，计算公式如下：

$$\%inhibition = \left(1 - \frac{\Delta A_{sample}}{\Delta A_{control}}\right) \times 100\%$$

所有实验均进行三次，并使用SPSS软件(版本22.0)和Origin软件(版本8.0)分析数据，结果见表3。

5.对α–葡萄糖苷酶抑制抑制活性

根据文献[159]测量α–葡萄糖苷酶抑制抑制活性，稍微修改。不同浓度样品DMSO溶液 20 μL加入100 μL α–葡萄糖苷酶溶液(pH 6.9, 0.1 U/mL, 0.1M磷酸盐缓冲液)中。在25 ℃下孵化10分钟。然后分别加入50 μL对硝基苯–α–D–吡喃葡糖苷(pNPG)溶液(pH 6.9, 5 mM, 0.1 M磷酸盐缓冲液)，在25 ℃下孵化5分钟。使用酶标仪在405 nm下测量孵育前后的吸光度。使用阿卡波糖作为阳性对照。α-葡萄糖苷酶抑制活性表示为%抑制，计算公式如下：

$$\%inhibition = \left(1 - \frac{\Delta A_{sample}}{\Delta A_{control}}\right) \times 100\%$$

所有实验均进行三次，并使用SPSS软件(版本22.0)和Origin软件(版本8.0)分析数据，结果见表3。

本研究从穿龙薯蓣乙酸乙酯层提取物分离到9种化合物，其中化合物1为新化合物，抗氧化活性测定结果表明，化合物4，5和6对DPPH和ABTS清除率较高，而化合物2对乙酰胆碱酯酶和丁酰胆碱酯酶具有一定的抑制活性；化合物3和4对α-葡萄糖苷酶有一定的抑制作用，这一结果与理论计算预测略有差距。

三、结论

1.以石油醚、乙酸乙酯、正丁醇为有机溶剂，对穿龙薯蓣化学成分进行提取得到各层，并对其抗氧化活性进行体外分析，结果表明，穿龙薯蓣正丁醇层和乙酸乙酯层提取物表现出一定的体外抗氧化活性，结合HPLC-ABTS在线抗氧化检测分析系统，在穿龙薯蓣乙酸乙酯层分离到多种抗氧化成分，为进一步利用中药进行新药研发提供理论依据。

2.以斑马鱼为模型动物，采用穿龙薯蓣乙酸乙酯层提取物低浓度组、中浓度组和高浓度组进行实验分析，结果表明，穿龙薯蓣乙酸乙酯层提取物浓度低于7.5mg/ml时，对斑马鱼几乎没有毒性，当浓度达到12.5mg/ml时，其致死及致畸效果明显，对相关衰老相关基因表达分析结果表明，低浓度乙酸乙酯层提取物可以降低p53、p21基因表达，mdm2基因表达无明显变化，而tert基因表达略有增加，但各处理浓度间差异不显著。

3.对穿龙薯蓣乙酸乙酯层进行分离，得到九种化合物，其中化合物1为新化合物，活性检测结构表明，化合物4，5和6具有一定的DPPH和ABTS清除活性；化合物2对胆碱酯酶表现出一定的抑制活性，而化合物3和4则对a-葡萄糖苷酶表现出一定的抑制活性。所有研究结果为有效控制中药穿龙薯蓣质量及药理活性研究提供了更可靠、更为有力的证据。

主要参考文献

［1］耿雪飞，郑永杰，赵明，等. 基于HPLC–ABTS体系筛选细叶杜香抗氧化活性成分［J］. 化学工程师，2011，（10）：70–73.

［2］Lee, Kerry J., et al. "In vivo imaging of transport and biocompatibility of single silver nanoparticles in early development of zebrafish embryos ［J］." ACS nano，2007，133–143.

［3］Lagares, M.H., K.S.F. Silva, A.M. Barbosa, D.A. Rodrigues, I.R. Costa, J.V.M. Martins, M.P. Morais, F.L. Campedelli and K. Moura, Analysis of p53 gene polymorphism (codon 72) in symptomatic patients with atherosclerosis［J］ Genet. Mol. Res.，2017，16：gmr16039721.

［4］Aix, E., O. Gutierrez–Gutierrez, C. Sanchez–Ferrer, T. Aguado and I. Flores, Postnatal telomere dysfunction induces cardiomyocyte cell–cycle arrest through p21 activation［J］. J. Cell Biol.，2016，213：571–583.

［5］Lessel, D., D. Wu, C. Trujillo, T. Ramezani, I. Lessel, M.K. Alwasiyah, B.Saha, F.M. Hisama, K. Rading, I. Goebel, P. Schutz, G. Speit, J.Hogel, H. Thiele, G. Nurnberg, P. Nurnberg, M. Hammerschmidt, Y.Zhu, D.R. Tong, C. Katz, G.M. Martin, J. Oshima, C. Prives and C.Kubisch, Dysfunction of the mdm2/p53 axis is linked to premature aging［J］. J. Clin. Invest.，2017，127：3598–3608.

［6］Sol Kim, Yoon Kyung Choi, Jieun Hong, Jaiwook Park－, Mahn–Joo Kim. Candida antarctica lipase A and Pseudomonas stutzeri lipase as a pair of stereocomplementary enzymes for the resolution of 1，2–diarylethanols and 1，2–diarylethanamines［J］. Tetrahedron Letters，2013（54）：1185–1188.

［7］王刚，林彬彬，刘劲松，等. 黄药子化学成分研究［J］. 中国中药杂志.2009，34（13）：1 679.

［8］Shi–Hui Dong, Dejan Nikoli–, Charlotte Simmler, Feng Qiu, Richard B. van Breemen, Djaja D. Soejarto, Guido F. Pauli, and Shao–Nong Chen.

Diarylheptanoids from Dioscorea villosa (Wild Yam) [J]. J Nat Prod . 2012, 75 (12): 2168‒2177.

[9] Yang MH, Yoon KD, Chin YW, et al. Phenolic compounds with radical scavenging and cyclooxygenase-2 (COX-2) inhibitory activities from Dioscorea opposita [J]. BioorgMed Chem, 2009, 17 (7): 2689.

[10] 尚小雅, 李帅, 王映红, 王素娟, 杨永春, 石建功. 红绒毛羊蹄甲的化学成分研究 [J]. 中国中药杂志, 2006, 31 (23): 1953-1954.

[11] 朱伶俐, 艾志福, 徐丽, 靳永亮, 刘春玲, 刘峰, 刘华. 桂枝化学成分的分离鉴定 [J]. 中国实验方剂学杂志, 2018-12-19网络首发.

[12] Dong LM, Jia XC, Luo QW, Zhang Q, Luo B, Liu WB, Zhang X, Xu QL, Tan JW. Phenolics from Mikania micrantha and their antioxidant activity [J]. Molecules 2017, 22, E1140.

[13] Sharma OP, Bhat TK. DPPH Antioxidant Assay Revisited. Food Chem 2009, 113, 1202-1205.

[14] Ozturk M, Kolak U, Topcu G, Oksuz S, Choudhary MI. Antioxidant and anticholinesterase active constituents from Micromeria cilicica by radical-scavenging activity-guided fractionation [J]. Food. Chem. 2011, 126, 31.

[15] Yuan T, Wan C, Liu K, Seeram NP. New maplexins F‒I and phenolic glycosides from red maple (Acer rubrum) bark. Tetrahedron 2012, 68, 959.